Rohit Kalotra
Harbhajan Kaur

Efeitos genotóxicos dos efluentes da indústria de tingimento em Cirrhinus mrigala

Rohit Kalotra
Harbhajan Kaur

Efeitos genotóxicos dos efluentes da indústria de tingimento em Cirrhinus mrigala

ScienciaScripts

Cover image: www.ingimage.com

This book is a translation from the original published under ISBN 978-3-659-85451-4.

Publisher:
Sciencia Scripts
is a trademark of
Dodo Books Indian Ocean Ltd. and OmniScriptum S.R.L publishing group

120 High Road, East Finchley, London, N2 9ED, United Kingdom
Str. Armeneasca 28/1, office 1, Chisinau MD-2012, Republic of Moldova, Europe
Printed at: see last page
ISBN: 978-620-8-35360-5

Índice:

EFEITOS GENOTÓXICOS DA INDÚSTRIA DE TINGIMENTO EFLUENTES EM *CIRRHINUS MRIGALA*

ROHIT KALOTRA
Departamento de Zoologia e Ciências Ambientais,
Universidade de Punjabi, Patiala-147002
2012

Agradecimentos

Aproveito esta oportunidade para expressar o meu profundo apreço e agradecimento a todas as pessoas que me ajudaram no meu trabalho de investigação. Para começar, presto a minha homenagem ao meu Deus todo-poderoso, que me concedeu boa saúde, inspiração e a luz que me conduziu ao caminho para completar o meu trabalho.

Gostaria de exprimir a minha profunda admiração e gratidão à minha orientadora, a Dra. Harbhajan Kaur, Professora do Departamento de Zoologia e Ciências Ambientais da Universidade de Punjabi, Patiala, pela sua excelente orientação e por me ter proporcionado um excelente ambiente para a realização da investigação.

Agradeço sinceramente ao Dr. Devinder Singh, Professor e Diretor do Departamento de Zoologia e Ciências Ambientais da Universidade de Punjabi, Patiala, por me ter dado a oportunidade de realizar o meu trabalho de investigação.

Estou também grato à Dra. Gurinder Kaur Walia, Professora Assistente, Departamento de Zoologia e Ciências Ambientais, Universidade de Punjabi, Patiala, pelos seus valiosos conselhos, sugestões e atitude consistente de encorajamento.

Expresso a minha sincera gratidão ao Dr. N.K. Tripathi, Professor, Departamento de Zoologia, Universidade de Jammu, Jammu, por me ter ajudado no meu trabalho de investigação.

Estou também grato ao Sr. Karamjit singh por ter fornecido os peixes para o meu trabalho de investigação.

A ajuda do meu querido amigo, Sr. Saroj, é inteiramente reconhecida.

Estou grata aos investigadores Anurag Dubey, Surbhi Raina, Ruksana, Nidhi Bansal, Rajdeep Kaur, Jaspreet Kaur, Diana Handa, Kanu e Kalchana pela sua ajuda e apoio fundamentais.

Agradeço profundamente o amor e o apoio dos membros da minha família, o meu pai Shri. Hans Raj, a mãe Smt. Jia rani, o irmão Jugal, a bhabi Monika, o sobrinho Harshit, a irmã Shashi e os cunhados Khem raj e Manisha.

Quero também exprimir o meu profundo amor e a minha dívida para com os meus avós, Late Shiv ditta e Late Smt. Kaushalya Devi, cuja bênção sempre me mostrou o caminho certo na minha vida.

Rohit Kalotra

INTRODUÇÃO

A Terra é única por ter uma atmosfera que retém o vapor de água e uma gama de temperaturas que mantém a maior parte da água na forma líquida. A superfície da Terra está coberta por 71% de água, dos quais os oceanos contêm cerca de 97,6% e os restantes 2,4% são água doce. 87% da água doce está congelada nas regiões polares e nos cumes das montanhas, 12% está no subsolo e apenas 1% encontra-se em rios, lagos, barragens e nuvens, estando disponível para consumo humano. Embora a água não tenha valor nutritivo, continua a ser essencial para a vida, uma vez que é o meio em que ocorrem todos os processos vivos. Pode dissolver nutrientes e distribuí-los pelas células, eliminar produtos residuais, regular a temperatura corporal e suportar estruturas. A impressão geral é que existe uma grande quantidade de água disponível para todas as necessidades e que as reservas de água são ilimitadas. No entanto, o cenário mudou. O mundo vê-se confrontado com uma pressão crescente sobre os recursos hídricos, porque a procura de água é cada vez maior devido à explosão demográfica e à crescente poluição das reservas de água existentes. A qualidade da água está a ser incessantemente afetada pelas condições naturais e pelas actividades humanas em prol do desenvolvimento. Nos países em desenvolvimento, a industrialização, a urbanização e a revolução verde estão a aumentar a poluição da água a um ritmo alarmante. As massas de água doce, como rios, lagos e lagoas, tornaram-se efetivamente locais de eliminação de resíduos domésticos e industriais. As substâncias tóxicas são acumuladas nestas massas de água poluídas, o que tem como consequência a poluição grosseira da água. A água poluída recolhida pelas plantas e pelos animais é ampliada ao longo da cadeia alimentar e acaba por chegar ao corpo humano, dando origem a problemas de saúde.

A Índia é dotada de uma enorme riqueza de recursos de água doce. Rios poderosos como o Ganges, o Brahmaputra, o Krishna, o Godavari, o Narmada, etc., possuem recursos hídricos abundantes. A grande diversidade geomórfica e a variabilidade das monções proporcionam ao país uma vasta gama de habitats que vão desde lagoas pouco profundas, lagos, ribeiros, rios a estuários e águas costeiras pouco profundas. O nome do Estado do Punjab deriva de "Punj" + "Aab", ou seja, a terra dos cinco rios (Satluj, Beas, Ravi, Jhelum e Chenab). No entanto, após a divisão do Estado em 1947 e, posteriormente, a sua reorganização em 1966, apenas o Satluj e o Beas atravessam o país, enquanto o Ravi o toca na fronteira norte. Um outro pequeno rio, o Ghaggar, atravessa a fronteira sul. O Ravi, o Beas e o Satluj são rios perenes, enquanto o Ghaggar é um rio sazonal. O rio Satluj e os seus afluentes formam o maior sistema fluvial do Punjab. Tem origem no lago Mansarovar, no Tibete, entra no Punjab perto de Bhakra, em Nangal, e atravessa os distritos de Ropar, Ludhiana e Jalandhar. Junta-se ao rio Beas em Harike, após o que deixa o território indiano perto de Ferozepur e entra no Paquistão. Ao longo do seu curso, é fortemente poluído por escoamento agrícola, resíduos domésticos e efluentes industriais não tratados. Em Nangal, juntam-se os efluentes da National Fertilizer Limited e da Punjab Alkalies Chemical Limited. Em Ropar, são adicionados os efluentes das empresas Swaraj Mazda Tractors, United Paper Mill e Zenith Paper Mill. Em Ludhiana, os efluentes das indústrias de tinturaria, meias, peças de máquinas, tintas, produtos químicos, curtumes e galvanoplastia são adicionados através de um afluente, o Buddha Nallah, enquanto em Harike, os resíduos industriais de Jalandhar e Kapurthala entram no Satluj através de um afluente, o East-Bain.

Os resíduos industriais são conhecidos por conterem metais pesados e outras substâncias venenosas. Estes poluentes podem ser genotóxicos e levar a várias afecções humanas como o cancro, a aterosclerose, as doenças cardiovasculares e o envelhecimento prematuro. A crescente degradação do ambiente aquático por contaminantes antropogénicos tem sido a motivação da necessidade crescente e dos esforços intensivos que estão a ser feitos para determinar as concentrações críticas de tóxicos nos rios e noutras massas de água e para avaliar os efeitos dos poluentes nos sistemas biológicos. A toxicologia aquática ou ensaio de toxicidade aquática é o estudo qualitativo e quantitativo dos efeitos tóxicos dos poluentes nos sistemas e organismos aquáticos, sendo os poluentes vários produtos químicos e substâncias antropogénicas, como insecticidas e herbicidas (Rand e Petrocelli, 1985; Roux, 1990; Adams, 1995). Também trata do estudo das concentrações de produtos químicos que se pode esperar que ocorram no ambiente aquático na água, nos sedimentos ou nos alimentos (Rand e Petrocelli, 1985).

A concentração química pode ser calculada com um instrumento, mas ainda não foi inventado um instrumento que possa determinar o nível de toxicidade e, por conseguinte, este só pode ser medido utilizando um material vivo (Cairns e Mount, 1990). Os organismos aquáticos podem ser utilizados para fornecer informações sobre a qualidade química da água porque permanecem expostos a ela durante toda a sua vida (Seymour, 1994). Na prática, as respostas aos problemas levantados pela poluição da água podem ser melhor obtidas através da combinação da investigação de campo e de laboratório. É apenas no laboratório que os organismos aquáticos podem ser expostos a poluentes em condições específicas controladas, a fim de determinar os níveis letais e sub-letais dos poluentes e também os efeitos dos poluentes nos organismos. No entanto, os ensaios de toxicidade química, devido à sua conceção, raramente demonstram a ação de várias tensões sobre os organismos testados, pelo que não fornecem uma medida exacta do estado geral de saúde de um ambiente aquático (Roux *et al.*, 1993). Estas análises só podem revelar as condições prevalecentes no momento da amostragem. A diferenciação clara entre um stress químico e um stress biológico raramente é obtida devido aos problemas encontrados na separação dos dois tipos de stress num sistema experimental (Draggan, 1977). Além disso, a relação entre as observações laboratoriais e de campo é outro problema. Apenas com base em testes laboratoriais, é difícil prever o que acontecerá em condições de campo (Vanloon e Beamish, 1977).

Os bioensaios de poluentes podem ser efectuados *in vitro* e *in vivo* para avaliar os seus efeitos, que se manifestam a nível bioquímico e molecular e conduzem a alterações genéticas que se tornam citologicamente visíveis nos tecidos dos organismos. A medição das aberrações cromossómicas constitui um parâmetro aceitável para a monitorização de substâncias mutagénicas na água. As alterações do ADN ou das funções cromossómicas podem constituir uma etapa na via da carcinogénese. Assim, as aberrações cromossómicas em animais poderiam servir como indicadores úteis da presença de substâncias químicas clastogénicas. O teste de aberração cromossómica (CAT), o teste de micronúcleos (MNT) e o teste de aberração eritrocitária (EAT) são os três instrumentos promissores para avaliar a genotoxicidade em animais. O teste dos micronúcleos é utilizado para a deteção de danos causados pela substância em estudo nos cromossomas ou no aparelho mitótico de eritrócitos colhidos no sangue. Basicamente, os micronúcleos são os fragmentos de cromossomas ou o cromossoma inteiro que se atrasa durante a fase de anáfase da divisão celular devido à perda do centrómero ou a qualquer anomalia na citocinese. Assim, o teste de micronúcleos é um ensaio de curta duração que fornece a medida de um evento aneugénico que conduz à perda cromossómica ou de um evento clastogénico que conduz ao descolamento de um fragmento cromossómico acêntrico de um cromossoma após a quebra. Um micronúcleo é um núcleo adicional visível ao microscópio de luz no citoplasma de uma célula. O micronúcleo pode ser cerca de 1/10 a 1/30 mais pequeno do que o núcleo principal (Al-Sabti, 1991).

Foram obtidos progressos consideráveis na determinação do potencial genotóxico de várias substâncias utilizando técnicas citogenéticas. No entanto, devido ao reduzido interesse público, governamental e mesmo científico pela mutagénese e carcinogénese ambientais, muitos organismos aquáticos selvagens e cultivados, incluindo peixes, estão já expostos a níveis relativamente elevados de substâncias químicas carcinogénicas-mutagénicas não controladas contidas em resíduos industriais. Os avanços nos estudos com materiais citogenéticos de mamíferos e, em particular, de seres humanos, conduziram a estudos semelhantes em peixes. Para a avaliação dos efeitos tóxicos dos efluentes no ambiente aquático, o peixe tem-se revelado um dos organismos indicadores mais importantes, uma vez que se encontra no topo da cadeia alimentar aquática e necessita de um grande volume de água para a respiração, o que resulta numa exposição intensiva aos poluentes presentes na água. Os peixes são um importante organismo experimental de laboratório, não só para estudos citotoxicológicos e outros estudos genéticos, mas também para investigação bioquímica e fisiológica. Apesar do facto de os peixes constituírem o maior e mais diversificado grupo de vertebrados, as investigações genotóxicas têm sido pouco praticadas. Infelizmente, apenas um pequeno número de espécies de peixes é adequado para investigações citogenéticas devido ao seu grande número e pequeno tamanho de cromossomas. Além disso, o índice mitótico é baixo nos peixes, em comparação com o dos mamíferos.

Recentemente, o aumento da poluição ambiental e a sensibilização do público, especialmente nos países em desenvolvimento, forçaram os cientistas a avaliar os efeitos diretos ou indirectos dos resíduos industriais e outros resíduos no ambiente aquático e o peixe tem sido amplamente utilizado para o estudo do potencial mutagénico e/ou carcinogénico da água poluída em condições de campo e de laboratório, uma vez que pode metabolizar, concentrar e armazenar poluentes transportados pela água (Al-Sabti, 1991). Além disso, o peixe é um alimento importante para o ser humano, uma vez que contém proteínas, vitaminas e minerais que são essenciais para manter o ser humano em boa saúde. No rio Satluj, encontram-se várias espécies de peixes pertencentes à família Cyprinidae. A população do Punjab consome uma grande quantidade de peixe. A maior parte dos peixes vendidos no mercado são capturados em zonas aquáticas locais do rio Satluj. No presente estudo, *o Cirrhinus mrigala* (Hamilton-Buchanan, 1822), um peixe comestível popular do Punjab, foi selecionado para observar os efeitos genotóxicos dos efluentes da indústria de tinturaria. Só em Ludhiana existem 268 indústrias de tinturaria que descarregam os seus resíduos em Buddha Nallah, que se junta ao rio Satluj em Gorsian, Kedarbaksh, no canto noroeste do distrito de Ludhiana. O Punjab Pollution Control Board (PPCB, 1999) identificou 85 indústrias como indústrias vermelhas cujos resíduos são altamente tóxicos para o ambiente aquático e a indústria de tinturaria é uma dessas indústrias vermelhas. O rio Satluj está altamente contaminado por efluentes industriais de tinturaria. Os efluentes industriais de tinturaria contêm mercúrio, crómio, cobre, zinco, níquel, chumbo, manganês, cádmio, cloretos, sulfatos, compostos fenólicos, óleos e gorduras (EPR, 2010). Estes metais pesados e tóxicos presentes na água são incorporados nos peixes (Kaur *et al.*, 2010) e, através da cadeia alimentar, podem entrar no corpo humano e ameaçar a saúde. Assim, é muito importante e urgente estudar os efeitos genotóxicos dos efluentes industriais de tinturaria nos peixes. O presente estudo tem como objetivo investigar os danos causados por concentrações sub-letais de efluentes descarregados de indústrias de tingimento no material genético de *Cirrhinus mrigala*, um peixe muito popular entre a população do Punjab. Os principais objectivos do estudo são:

- Examinar alterações comportamentais e morfológicas em peixes expostos a concentrações subletais de efluentes da indústria de tingimento.
- Estudar a genotoxicidade de concentrações subletais de efluentes da indústria de tingimento. A genotoxicidade será avaliada através da aplicação do teste de aberração cromossómica, do teste de micronúcleos e do teste de aberração eritrocitária.

Capítulo 1

REVISÃO DA LITERATURA

A toxicologia aquática ou testes de toxicidade aquática é o estudo qualitativo e quantitativo dos efeitos tóxicos dos poluentes nos sistemas e organismos aquáticos (Adams, 1995). Foram alcançados progressos consideráveis na determinação do potencial genotóxico de várias substâncias tóxicas utilizando técnicas citogenéticas. O teste de aberração cromossómica, o teste de micronúcleos e o teste de aberração eritrocitária são três instrumentos promissores para avaliar a genotoxicidade em animais. O trabalho realizado até à data é analisado nos seguintes pontos:

- Alterações comportamentais e morfológicas
- Aberrações cromossómicas
- Micronúcleos e aberrações eritrocitárias

Alterações comportamentais e morfológicas

Khangarot e Rajbanshi (1979) observaram alterações no comportamento de *Rasbora daniconius* expostos ao zinco. Os peixes mostraram perda de equilíbrio, movimentos irregulares das brânquias e ausência de comportamento de cardume. Durve *et al.* (1980) registaram o aparecimento de muco abundante na pele, encolhimento das lamelas branquiais e hemorragias perto da boca e das regiões caudais aquando da morte de *Rasbora daniconius neilgeriensis* expostos ao zinco. Kaur e Bajwa (1987) observaram alterações comportamentais marcantes em alevins de *Cyprinus carpio* tratados com zinco e cádmio. Mostraram inquietação, movimentos bruscos, perda de equilíbrio, respiração rápida e barbatanas esticadas. Os alevins assentaram tranquilamente no fundo quando o período de inquietação diminuiu em 4-6 horas. Saglio *et al.* (1996) registaram uma diminuição da natação, um aumento da agressividade intra-específica e uma diminuição das respostas a estímulos químicos alimentares em peixes dourados expostos ao carbofurano. Schmidt-Posthaus *et al.* (2001) observaram uma ligeira ulceração do maxilar superior e inferior e erosões cutâneas em *Salmo trutta* e *Oncorhynchus mykiss* encontrados em rios poluídos.

Rahman *et al.* (2002) investigaram os efeitos do Diazinon 60 EC em *Anabas testudineus, Channa punctatus* e *Barbodes gonionotus*. As espécies de peixes mostraram inquietação, movimentos de arena, perda de equilíbrio, natação de costas, aumento das actividades operculares, espasmos fortes, paralisia e movimentos rápidos súbitos durante a exposição. A cor tornou-se pálida progressivamente com doses mais elevadas ao fim de 96 horas de exposição. Os peixes afectados tornaram-se muito fracos, depositaram-se no fundo e morreram em número crescente com as doses mais elevadas. Jayakumar e Paul (2006) referiram que, aquando da exposição a uma concentração subletal (7ppm) de cloreto de cádmio, o stress tóxico no peixe *Clarias batrachus* se manifestou sob a forma de inquietação e movimentos de natação erráticos. Os peixes expostos também mostraram um aumento da ventilação e da atividade de engolir. Omitoyin *et al.* (2006) e Adedeji *et al.* (2008) registaram pigmentação da pele nas partes dorsal e lateral de *Clarias gariepinus* expostas ao lindano e ao diazinão.

Kumar *et al.* (2007) avaliaram a toxicidade da cipermetrina e da *k-cialotrina* em *Channa punctatus* e observaram respostas comportamentais anormais após 3 horas de tratamento. Os peixes mostraram hiperatividade, perda de equilíbrio, natação rápida, aumento da atividade à superfície, aumento da taxa de atividade opercular e convulsões. Verificou-se que os efeitos dos pesticidas dependiam da dose e da duração. As alterações comportamentais foram mais acentuadas com o tratamento com *k-cialotrina* do que com cipermetrina a baixas concentrações.

Pandey *et al.* (2009) investigaram alterações nas respostas comportamentais, como a formação de cardumes, a subida à superfície e a deglutição, a secreção de muco, a pigmentação da pele e o movimento opercular no peixe-gato de água doce, *Heteropneustes fossilis* (Bloch), exposto ao dimetoato. Todos estes sintomas aumentaram com temperaturas mais elevadas. Wasu *et al.* (2009) investigaram os efeitos do carbaril e do malatião em *Clarius batrachus*. A dose crónica de carbaril e malatião foi utilizada para estudar as alterações morfológicas e comportamentais durante a exposição. O aumento do movimento opercular e do movimento de baixo para cima para ultrapassar a condição de hipoxia foi observado nas doses de 48 h e 96 h. O repouso no fundo, a secreção excessiva de muco, a perda de equilíbrio e a mudança de cor foram observados na dose crónica de 45 dias. Halappa e David (2009) estudaram as respostas comportamentais em peixes de água doce, *Cyprinus carpio*, após exposição subletal ao clorpirifos durante 1, 7 e 14 dias. Os peixes expostos a duas concentrações subletais (0,0224 mg/l e 0,0112 mg/l) de clorpirifos apresentaram um comportamento de cardume perturbado, repousando no fundo da câmara de ensaio e nadando de forma dispersa, seguido de perda de coordenação, natação irregular, errática e em dardos e ocupação de uma área duas vezes superior à do grupo de controlo. Posteriormente, os peixes deslocaram-se para os cantos da câmara de ensaio, ficando pendurados verticalmente na água. Marigoudar *et al.* (2009) estimaram o impacto da cipermetrina nas respostas comportamentais em peixes de água doce, *Labeo rohita*. Os peixes expostos à concentração letal (5,0 tig) de cipermetrina migraram imediatamente para o fundo do tanque. O comportamento de cardume foi interrompido no primeiro dia e os peixes ocuparam o dobro da área do grupo de controlo. Moviam-se de forma independente. Seguiram-se movimentos irregulares, erráticos e dardejantes, com uma atividade de natação desequilibrada. Os peixes tentaram saltar para fora do meio. No segundo dia, foi frequente o fenómeno da subida à superfície, em que os peixes vinham à superfície da água. Observaram-se perturbações respiratórias no ciclo normal de ventilação, com abertura e fecho mais rápidos e repetidos da boca e das coberturas operculares. No terceiro dia, o peixe estava em estado de excitação, mostrando barbatanas parcialmente estendidas e uma única abertura ampla da boca e das coberturas operculares, acompanhada de hiperextensão de todas as barbatanas. A natação era feita em saca-rolhas e para a frente. Havia sinais de cansaço e apatia. No quarto dia, perdem o equilíbrio e respondem a estímulos exteriores, afogando-se de seguida no fundo. Frequentemente, faziam rolos de barril em intervalos e engoliam ar pela boca antes de a respiração cessar. Os peixes acabam por morrer com a boca e os opérculos bem abertos. Observou-se uma mudança na cor das lamelas branquiais de avermelhado para castanho claro. Na concentração subletal (4,0 tg), o comportamento de cardume foi perturbado durante o primeiro dia. A taxa de ventilação aumentou, mas a hiperatividade, a excitação, a hiperventilação, etc. não foram detectadas após 5 e 10 dias. Além disso, após 15 dias, os peixes exibiram natação livre e normal e alimentação ativa.

Srivastava *et al.* (2010) examinaram as respostas comportamentais em *Heteropneustes fossilis* expostos ao inseticida dimetoato. Registou-se um aumento do movimento opercular e da secreção mucosa, e os peixes tornaram-se progressivamente lentos e letárgicos. Antes da morte em meio contaminado, os peixes exibiram natação anormal com perda de orientação e tendência para tetania muscular. Os peixes apresentaram desvanecimento da cor do corpo. Susan e Sobha (2010) examinaram a toxicidade aguda, o consumo de oxigénio e as alterações comportamentais das principais carpas, *Labeo rohita*, *Catla catla* e *Cirrhinus mrigala*, expostas ao fenvalerato. Os peixes expostos a concentrações letais e subletais de fenvalerato mostraram hiperexcitação, perda de equilíbrio, aumento da taxa de tosse, dilatação das brânquias, aumento da secreção mucosa das brânquias, movimentos de dardos, batida contra a parede e curvatura da coluna vertebral. A superfície do corpo adquiriu uma cor escura antes da sua morte. Foi observada uma película de muco na superfície do corpo e nas brânquias dos peixes. As concentrações letais e subletais de fenvalerato e de concentrado emulsionável a 20% provocaram um aumento do consumo de oxigénio em comparação com os controlos em *Labeo rohita* e *Catla catla*. Pelo contrário, *a Cirrhinus mrigala* apresentou uma diminuição do consumo de oxigénio em comparação com o controlo. Dube e Hosetti (2010) avaliaram a vigilância do comportamento e o consumo de oxigénio no peixe de água doce, *Labeo rohita*, exposto a cianeto de sódio. Os peixes expostos a duas concentrações subletais de cianeto de sódio (106 ng/l e 64 M-g/l) durante 15 dias exibiram movimentos irregulares, erráticos e dardos, seguidos de hiperexcitação, perda de equilíbrio e, por fim, assentamento no fundo. Os peixes tornaram-se lentamente letárgicos e inquietos e segregaram um excesso de muco por todo o corpo. Verificou-se uma diminuição do consumo de oxigénio em ambas as concentrações.

Yaji *et al.* (2011) revelaram os efeitos da cipermetrina no comportamento de peixes de água doce, *Oreochromis niloticus*. Os peixes exibiram perda de equilíbrio, hiperatividade e aumento da agressividade nos períodos de exposição iniciais de 12 a 24 h. Após períodos de exposição mais longos (mais de 24 h), os peixes foram reactivos à resposta de sobressalto. A taxa de movimento da barbatana caudal aumentou gradualmente com o aumento do período de exposição de 24 a 96 h. Verificou-se uma diminuição dos movimentos operculares e do consumo de oxigénio com o aumento da concentração de cipermetrina. Ezeonyejiaku *et al.* (2011) estudaram a toxicidade e as respostas comportamentais em *Oreochromis niloticus* e *Clarias gariepinus* expostos a sulfato de cobre. Os peixes apresentaram um padrão de natação instável com movimentos bruscos. As suas barbatanas tornaram-se duras e esticadas com a excitação. Os peixes perderam o equilíbrio e ficaram exaustos. Os peixes permaneceram suspensos na posição vertical, com a boca para cima perto da superfície da água e a cauda a apontar para baixo. Finalmente, os peixes afundaram-se no fundo da água, ficaram imóveis e não responderam a sondagens suaves. O sulfato de cobre foi considerado mais tóxico para *Oreochromis niloticus* do que para *Clarias gariepinus*.

Aberrações cromossómicas

O teste de aberração cromossómica tem sido utilizado como um importante instrumento biológico para avaliar os efeitos mutagénicos de produtos químicos e radiações ionizantes. Al-Sabti e Kurelec (1985) estudaram as aberrações cromossómicas em *Mytilus galloprovincialis* expostos durante dois dias a 1, 5 e 10 ppb de benzo (a)-pireno (BaP). As aberrações cromossómicas (quebras e fragmentos) foram encontradas em todas as dez localidades da zona de Rovinj, no norte do mar Adriático, mas foram máximas no local mais poluído. Al-Sabti (1985) mediu as aberrações cromossómicas nas brânquias e nos rins da truta arco-íris, *Salmo gairdneri*, exposta a cinco poluentes. A frequência máxima de aberrações cromossómicas foi observada nas brânquias em todos os tratamentos. O neguvão e o malatião aumentaram as aberrações não específicas, enquanto o fenol aumentou a percentagem de aneuploidia. O malatião apresentou as aberrações estruturais mais elevadas.

Malhi e Grover (1987) avaliaram os efeitos genotóxicos de quatro pesticidas organofosforados, *nomeadamente* a ekatina, o fenitrotião, o metilparatião e o forato, na medula óssea do rato. Verificou-se que o metilparatião e o forato eram mais mutagénicos do que a ekatina.

Rishi e Grewal (1995a, b) registaram lacunas centroméricas, lacunas cromatídicas, quebras subcromatídicas, atenuação, fragmentos extra, picnose, separação precoce, braços atrofiados, etc., em *Channa punctatus*, após exposição a inseticida e larvicida. As aberrações foram significativamente mais elevadas nos grupos tratados em comparação com o controlo.

Visoottiviseth *et al.* (1998) avaliaram os efeitos do hidróxido de trifenilestanho (TPTH) nos cromossomas do peixe-gato (híbrido de *Clarias macrocephalus* e *C. gariepinus*). Os cromossomas apareceram normais na água de controlo e no solvente de controlo [dimetilsulfóxido (DMSO)], enquanto o tratamento com TPTH resultou em anomalias cromossómicas. O aumento da dose de TPTH não causou qualquer aumento significativo na percentagem de anomalias cromossómicas. Hayashi *et al.* (1998) aplicaram o teste de aberração cromossómica e o teste de micronúcleos ao embrião de *Rhodeus ocellatus ocellatus* cultivado em água contendo tricloroetileno no laboratório. A frequência de células aberrantes aumentou significativamente com o aumento da dose e do tempo de exposição ao tricloroetileno.

Guha e Khuda-Bukhsh (2002,2003) observaram efeitos do etilmetano sulfonato de sódio (EMS) injetado em *Oreochromis mossambicus* em intervalos diferentes e registou-se a quebra de cromátides, o anel, o fragmento acêntrico e a pulverização.

Chandra e Khuda-Bukhsh (2004) estudaram as aberrações induzidas pelo cloreto de cádmio (CdCl2) e pela azadiractina (Aza) em *Oreochromis mossambicus* quando injectados individualmente e em conjunto. As frequências de aberrações aumentaram com o passar do tempo até 48h, mas diminuíram em certa medida às 72h e 96h. A dose mais elevada de ambos os produtos químicos parece ter um efeito ligeiramente superior ao da dose mais baixa, indicando uma correlação positiva entre a dose e a resposta. O CdCl2 e a Aza, quando administrados conjuntamente, mostraram efeitos clastogénicos reduzidos e a diferença foi estatisticamente significativa. Cestari *et al.* (2004) avaliaram os danos genéticos causados pela dose trófica de chumbo no peixe neotropical (*Hoplias malabaricus*) aplicando o ensaio cometa e o teste de aberração cromossómica e verificaram que as quebras cromatídicas eram a aberração cromossómica predominante após o tratamento. Ferraro *et al.* (2004) avaliaram os efeitos mutagénicos do tributilestanho (TBT) e do chumbo inorgânico (Pb II) no peixe *Hoplias malabaricus*. Verificaram que o TBT e o Pb II promoveram alterações estruturais (lacunas e quebras) nos cromossomas, mas não causaram quaisquer alterações numéricas.

Abdel-Wahhab *et al.* (2005) estudaram os efeitos da esterimatocistina, uma micotoxina aflatoxina, no peixe tilápia do Nilo, *Oreochromis niloticus*, e registaram atenuação centromérica, lacunas/quebras, deleções e fragmentação nos cromossomas.

Velmurugan *et al.* (2006) avaliaram o efeito genotóxico da lambda-cialotrina em peixes, *Mystus gulio*. Expuseram os peixes a 6,4 ppb de lambda-cialotrina na água durante 96 h e observaram aberrações cromossómicas em quatro momentos de amostragem (24 h, 72 h, 48 h e 96 h). As aberrações cromossómicas foram significativamente mais elevadas nas amostras tratadas do que nas amostras de controlo. As quebras acêntricas e cromatídicas foram as mais elevadas às 72 h de exposição, seguidas de placas pegajosas às 96 h de exposição. Kumari e Ramkumaran (2006) estudaram aberrações cromossómicas em peixes (*Channa punctatus*) recolhidos no lago Hussainsagar poluído e nos lagos Himayatsagar e Osmansagar não poluídos de Hyderabad. 65% dos peixes do lago poluído apresentaram aberrações cromossómicas, como lacunas cromatídicas, lacunas cromatídicas, fragmentos, trocas de cromátides irmãs, cromossomas dicêntricos e cromossomas em anel. Yadav e Trivedi (2006), numa tentativa de avaliar o potencial genotóxico do crómio libertado no ambiente aquático pelas indústrias de galvanoplastia, curtumes e têxteis, expuseram *Channa punctata* ao Cr(VI) e registaram aberrações cromossómicas.

Ramadan (2007) avaliou os efeitos genotóxicos do herbicida Butataf em peixes, tilápia do Nilo, *Oreochromis niloticus.* O peixe foi exposto a diferentes concentrações de valor LC50 (1/100, 1/50, 1/25 e 1/10) de Butataf. Os resultados revelaram aberrações cromossómicas, tais como deleções cromossómicas, fragmentações e aderência, enquanto as aberrações numéricas incluíam hiper e hipopoliploidia. O número de metáfases aberrantes aumentou com o aumento das concentrações de Butataf. A viscosidade cromossómica foi frequente ao nível da dose 1/10.

Mohamed *et al.* (2008) exploraram a capacidade do sulfato de cobre (CuSO4) e do acetato de chumbo [(CHCOO)3 Pb] para induzir aberrações cromossómicas no peixe *Oreochromis niloticus*. Os peixes foram expostos a três concentrações subletais de CuSO4 e (CHCOO)3 Pb cada uma, bem como ao controlo em três intervalos de tempo. A atividade mitótica dos filamentos branquiais foi menor nos grupos tratados do que no controlo. Foram observadas deleções cromatídicas, quebras cromatídicas, lacunas, fragmentos, aderência, translocações, cromossomas em anel e atenuações centroméricas após o tratamento com sulfato de cobre e acetato de chumbo. Os tipos mais proeminentes de aberrações cromossómicas após o tratamento com sulfato de cobre foram as deleções e os fragmentos de cromátides, enquanto as translocações ocorreram com a frequência mais baixa. No caso do acetato de chumbo, os tipos mais proeminentes de aberrações cromossómicas foram as deleções cromatídicas, a viscosidade e os fragmentos, enquanto as translocações ocorreram com a frequência mais baixa. Radwan e Ghaly (2008) avaliaram os efeitos mutagénicos do arseniato de sódio em peixes de água doce, *Clarias lazera*, e observaram lacunas cromatídicas, delecções, quebras, fragmentos, associações extremo-a-extremo e dicenticos. Gadhia *et al.* (2008) registaram aberrações cromossómicas induzidas por três antineoplásicos: Bleomicina, Mitomicina e Doxorrubicina após exposição *in vivo* em peixes, *Bleophthalmus dussumieri.* Observaram um aumento significativo das aberrações cromossómicas por placa metafásica após o tratamento com os três agentes, sobretudo após 24 horas de exposição. Verificou-se um aumento, dependente do tempo e da dose, das aberrações cromossómicas registadas após o tratamento com cada agente. As configurações dicêntricas e em anel, bem como as translocações, foram registadas após 4 h de tratamento, enquanto as aberrações cromatídicas, tais como quebras e trocas, foram registadas após 24 h.

Ramsdorf *et al.* (2009) investigaram os efeitos genotóxicos do chumbo inorgânico (PbII) em *Hoplias malabaricus*. Foram registadas anomalias nucleares e aberrações cromossómicas após exposição a quatro concentrações de PbII durante 96 horas. Yadav e Trivedi (2009) revelaram a extensão das aberrações cromossómicas no peixe *Channa punctata* após exposição in vivo a três compostos de metais pesados, *nomeadamente* cloreto de mercúrio, trióxido de arsénio e sulfato de cobre pentahidratado. A citotoxicidade foi evidente em todos os grupos tratados. Foram induzidas várias aberrações cromossómicas, como quebras cromatídicas e cromossómicas, lacunas cromatídicas e cromossómicas, bem como cromossomas em anel e dicêntricos. Estas anomalias genotóxicas aumentaram gradualmente até às 72 horas e depois diminuíram. Tripathi *et al.* (2009) estudaram a genotoxicidade induzida pelo flúor no peixe-gato asiático, *Clarius batrachus*, e registaram uma diminuição significativa do índice mitótico nos grupos tratados (35mg/l e 70mg/l) em comparação com o grupo de controlo. Foram observadas várias aberrações cromossómicas, nomeadamente quebras de cromátides, quebras de cromossomas, deleções de cromátides, fragmentos, fragmentos acêntricos, anéis e cromossomas dicêntricos. Hafez (2009) investigou a genotoxicidade e a citotoxicidade em peixes, *Mugil cephalus*, induzidas por poluentes na baía de Abu-qir, em quatro locais diferentes. Foram registados diferentes tipos de aberrações cromossómicas, *nomeadamente* viscosidade, fragmentos, lacunas, quebras e deleções, sendo a percentagem mais elevada nas brânquias do que nos rins.

Obiakor *et al.* (2010) investigaram o efeito genotóxico da água poluída de um rio no peixe-gato, *Clarias gariepinus.* Os peixes foram tratados com água do rio Oyi durante 10 dias e 28 dias e registaram um número significativamente mais elevado de aberrações cromossómicas, *nomeadamente* quebra de cromossomas, fragmentos, fragmentos acêntricos e cromossomas em anel nos peixes expostos durante um período de tempo mais longo. Rose *et al.* (2010) estudaram as aberrações cromossómicas em peixes de água doce, *Hypophthalmicthys molitrix*, expostos à água poluída do rio Coovum em dois locais, Saidapet e Avadi. Observou-se uma diminuição do número cromossómico, endoreduplicação, fragmentos cromossómicos, cromossomas mal corados, cromossomas em anel, cromossomas em bastonete, deleção cromossómica e cromossomas diádicos, tendo a frequência sido mais elevada no local comparativamente mais poluído, Saidapet. Mahmoud *et al.* (2010) avaliaram os efeitos da poluição por esgotos nos cromossomas de *Oreochromis niloticus* e *Tilapia zillii* recolhidos no canal de Shanawan, no Egito, que recebia esgotos. Foi observada uma elevada percentagem de aberrações cromossómicas nas células renais da cabeça de *O. niloticus* e *T. zillii.*

Ansari *et al.* (2011) investigaram os efeitos citogenéticos e de indução de stress oxidativo da cipermetrina em peixes de água doce, *Channa punctatus.* O tratamento resultou em danos citogenéticos significativos que incluíram quebras cromossómicas e cromatídicas.

Micronúcleos e anomalias eritrocitárias

O teste dos micronúcleos foi realizado pela primeira vez por Howell (1891) em glóbulos vermelhos. O teste dos micronúcleos foi descrito pela primeira vez por Jolly (1905) como um pequeno material extranuclear presente perto do núcleo da célula durante a interfase. É produzido como consequência da quebra dos cromossomas e da disfunção do fuso. Mais tarde, Boller e Schmid (1970), Matter e Schmid (1971) e Heddle (1973) observaram micronúcleos em células de mamíferos. Vários estudos demonstraram que os eritrócitos periféricos e as brânquias dos peixes apresentam uma elevada incidência de micronúcleos após exposição a genotóxicos em laboratório. Hooftman e De Raat (1982) observaram a formação de micronúcleos em peixes-anão (*Umbra pygmaea*) expostos a etilmetano sulfonato em condições laboratoriais. O teste de MN foi utilizado por Longwell *et al.* (1983) para avaliar a genotoxicidade em *Scophthalmus aquosus, Scomber scomber, Pseudopleuronectes americanus, Fundulus heteroclitus* e *Oncorhynchus kisutch* a partir de estudos de campo. Al-sabti (1986) testou várias substâncias químicas (alfatoxinas B1, Arocloro, benzidina, benzo(a)pireno e 20-metilcolantreno) quanto à sua capacidade de induzir micronúcleos em condições laboratoriais em *Cyprinus carpio, Tinca tinca* e *Ctenopharyngodon idella.* Das e Nanda (1986) registaram um aumento da frequência de micronúcleos nos eritrócitos do peixe-gato indiano comum (*Heteropneustes fossilis*) exposto em laboratório a mitomicina-C e a efluentes de fábricas de papel. Manna e Sadhukhan (1986) utilizaram células das brânquias e dos rins para estudar os micronúcleos em peixes Tilapia.

Al-Sabti e Hardig (1990) investigaram a viabilidade da utilização do teste de micronúcleos em peixes como indicador de genotoxinas em condições reais de campo. Foram recolhidas percas do mar Báltico nas proximidades de uma fábrica de pasta de papel na Suécia e as suas células sanguíneas foram examinadas para deteção de micronúcleos. Verificou-se que os espécimes de peixe apresentavam níveis elevados de micronúcleos nos eritrócitos. Estes resultados indicaram que a frequência de micronúcleos é um parâmetro relevante na avaliação de poluentes genotóxicos.

Matter *et al.* (1992) observaram micronúcleos em *Ctenopharygodan idella* expostos ao inseticida carbamil.

Al-Sabti (1995) aplicou o teste de micronúcleos num estudo *in vitro* sobre a influência de alguns poluentes (selénio, mercúrio, metilmercúrio e suas misturas) na truta para avaliar o risco de exposição a estes poluentes da água em condições de campo e de laboratório. Al-Sabti e Metcalfe (1995) fizeram uma revisão da literatura sobre os efeitos clastogénicos de agentes químicos e físicos nas células dos peixes, com o objetivo de ajudar os laboratórios no desenvolvimento de ensaios de genotoxicidade em peixes para monitorização da água.

Poongothai *et al.* (1996) efectuaram um teste de micronúcleos em cinco espécies de peixes provenientes de águas de esgotos poluídas e em peixes expostos a metais pesados. A frequência de micronúcleos foi estatisticamente significativa em ambos os grupos e, entre as cinco espécies testadas, verificou-se que *o Lepido cephalus* era altamente sensível. Kirsch-Volders *et al.* (1997) discutiram as vantagens do teste de micronúcleos com bloqueio da citocinese, que fornece informações sobre a progressão do ciclo celular e as mutações cromossómicas/genómicas.

Hayashi *et al.* (1998) submeteram *Carassius* sp., *ornitorrinco de Zacco, Leiognathus nuchalis* e *Ditrema temmincki* recolhidos no rio Tomio, no rio Ina e no rio Akutagawa a um teste de micronúcleos e verificaram que a frequência de micronúcleos era mais elevada no verão em *Leiognathus nuchalis* e *Ditrema temmincki. Leiognathus nuchalis* e *Ditrema temmincki* possuíam mais micronúcleos a meio do rio do que a montante.

Matsumoto e Colus (2000) expuseram o peixe *Astyanax bimaculatus* a dois fármacos mutagénicos, ciclofosfamida e sulfato de vinblastina, e aplicaram um teste de micronúcleos para determinar a genotoxicidade. Ayllon *et al.* (2000) aplicaram o teste de micronúcleos à truta castanha selvagem, *Salmo trutta*, para observar o efeito genotóxico dos resíduos de uma antiga fábrica militar. O rio Gafo e o rio Santa Bárbara estão a jusante do rio Trubia. As contagens de MN variaram entre 1,4 e 2,4 no rio Gafo e 2,5 no rio Santa Bárbara, ao passo que no rio Trubia a frequência de MN foi inferior à do rio Gafo e do rio Santa Bárbara, indicando claramente que o MN era mais elevado devido à poluição causada pelos resíduos da fábrica militar.

Ateeq *et al.* (2002) investigaram os efeitos de dois herbicidas, ácido 2, 4-diclorofenoxiacético (25, 50 e 75 ppm) e 2-cloro-2, 6-dietil-n-butoximetil acetanilida (1,0, 2,0 e 2,5 ppm) no peixe-gato, *Clarias batrachus*, após exposição de 24 h, 72 h e 96 h. Observou-se um aumento significativo do NM com o aumento do tempo e da dose. Para além do aumento significativo do MN, também se observou um aumento das anomalias dos eritrócitos. Balasem *et al.* (2002) expuseram *Liza abu*, *Barbus luteus*, *Cyprinus Carpio*, *Carassius carassius* e *Gambusia affinis* a diferentes concentrações de cobre (0,1, 0,2, 0,3, 0,4, 0,5 e 0,6 ppm) durante 72 h a 23-24^0 C e registaram uma relação dependente da dose e do tempo no aumento do NM.

Mallick e Khuda-Bukhsh (2003) estudaram micronúcleos e anomalias nucleares em peixes do rio Hoogly-Matlah, que recebe compostos metálicos dos estuários de Sunderban que transportam cargas industriais de Calcutá e Howrah. Foram selecionados três locais de amostragem, Canning, Kakdwip e Haldia, e sete espécies de peixes, *nomeadamente Lates calcarifer, Liza parsia, Liza tade, Mugil cephalus, Rhinomugil corsula, Terapon jarbua* e *Scatophagus argus*. Em geral, verificou-se que a percentagem de MN era relativamente elevada em todas as espécies encontradas em Haldia, seguindo-se as das populações de Kakdwip e Canning. Na maioria dos casos, estas diferenças foram muito significativas, exceto nas populações de Cannig e Kakdwip de *M. cephalus*. Ambos os sexos apresentaram mais ou menos a mesma tendência. Uma análise revelou que a ocorrência de anomalias nucleares foi em ordem crescente das populações de Canning, Kakdwip e Haldia e que as diferenças foram bastante significativas na maioria dos casos. Quando analisadas criticamente e comparadas, verificou-se que, com o aumento do NM, houve uma diminuição da frequência das anomalias nucleares. Guha e Khuda-Bukhsh (2003) registaram MN e outras aberrações eritrocitárias em muito maior número em *Oreochromis mossambicus* tratados com sulfonato de etilmetano.

Bhunya e Sahoo (2004) estudaram o efeito de um inseticida Carbaryl nos eritrócitos do sangue periférico de *Anabas testudineus*. Foram injectadas intraperitonealmente diferentes doses (50, 100 e 150 mg/kg) de carbaril (1-naftil-N-metil-carbamato) e os espécimes foram sacrificados após 24, 48 e 72 h. Observou-se uma relação dependente da dose e do tempo. Para além da MN, foram também observadas várias anomalias nucleares, como núcleos em forma de foice, núcleos entalhados, núcleos com bolhas e núcleos com dois lóbulos iguais ou desiguais, células enucleadas, projecções citoplasmáticas e constrições. Chandra e Khuda-Bukhsh (2004) observaram MN em *Oreochromis mossambicus* injectados com cloreto de cádmio (CdC12) e azadiractina (Aza) e as frequências de MN aumentaram gradualmente com o aumento da dose e o decurso do tempo até 48 horas, após o que as frequências de MN diminuíram em certa medida às 72 e 96 horas. No entanto, quando CdC12 e Aza foram administrados conjuntamente, os efeitos clastogénicos pareceram ser reduzidos até certo ponto, sendo a diferença estatisticamente significativa.

Cavas e Ergene-Gozukara (2005) estudaram o efeito dos efluentes de uma refinaria de petróleo e de uma fábrica de processamento de crómio em *Oreochromis niloticus*. Os peixes foram expostos a diferentes concentrações (5, 10 e 20 % v/v) dos efluentes durante 3, 6 e 9 dias. O tratamento com resíduos de fábricas de processamento de crómio causou um aumento significativo de MN nas células branquiais nos dias 6th e 9th apenas com uma dose de 20% v/v. Por outro lado, com efluentes de refinaria de petróleo, as células branquiais apresentaram um aumento de MN com doses de 10 % e 20 % v/v. As anomalias nucleares nas células sanguíneas foram maiores nos peixes tratados com efluentes de refinaria de petróleo do que com resíduos de processamento de crómio. Assim, os efluentes da refinaria de petróleo eram mais tóxicos do que os efluentes da fábrica de processamento de crómio. Abdel-Wahhab *et al.* (2005) registaram um aumento da frequência de micronúcleos no peixe tilápia do Nilo, *Oreochromis niloticus*, tratado com esterimatocistina.

Bolognesi *et al.* (2006) investigaram o efeito de alguns xenobióticos no peixe *Scophthalmus maximus* durante 3 semanas e observaram que as frequências de MN e as anomalias nucleares eram superiores às do controlo. Matsumoto *et al.* (2006) investigaram o efeito da água contaminada com efluentes de curtumes recolhidos na ribeira do Córrego dos Bagres em peixes, *Oreochromis niloticus*. Os peixes foram expostos durante 72 horas a amostras de água recolhidas durante a primavera, o verão, o outono e o inverno a montante do local de descarga dos efluentes da fábrica de curtumes, no local de descarga dos efluentes da fábrica de curtumes e 500 metros a jusante do local de descarga dos efluentes.

A água do local de descarga de efluentes causou as frequências mais elevadas de MN e outras anomalias nucleares. A indução de micronúcleos e as anomalias nucleares foram mais frequentes durante o outono e o inverno, devido ao baixo fluxo de água.

Ergene-Gozukara *et al.* (2007) observaram o efeito da poluição da água do delta do Goksu em três espécies de peixes (*Clarias gariepinus*, *Alburnus orontis* e *Mugil cephalus*). Foram selecionadas para amostragem duas áreas, Paradeniz (PD) e o lago Akgol (AG). As frequências de MN e as anomalias nucleares em *Clarias gariepinus*, *Mugil cephalus* e *Alburnus orontis* recolhidos nas lagoas AG e PD foram significativamente mais elevadas do que nos peixes de controlo. A análise comparativa indicou que tanto as anomalias MN como as nucleares eram significativamente mais elevadas nos peixes da lagoa AG do que nos peixes da lagoa PD. Além disso, a comparação inter-espécies mostrou o nível mais elevado de MN e de anomalias nucleares em *Clarias gariepinus*, enquanto *Alburnus orontis* apresentou o nível mais baixo. Cavas e Konen (2007) estudaram o efeito de formulações de glifosato em eritrócitos periféricos de peixes dourados, *Carassius auratus*. Os peixes foram expostos a três doses de formulações de glifosato (5, 10 e 15 ppm) e foram amostrados após 48 h, 96 h e 144 h após o tratamento. As frequências de MN nos eritrócitos aumentaram significativamente e mostraram uma relação positiva dependente da dose e do tempo.

Radwan e Ghaly (2008) observaram um aumento significativo dos micronúcleos em *Clarias lazera* no tratamento com arsenato de sódio. Normann *et al.* (2008) investigaram o efeito do dicromato de potássio no peixe-gato armado, *Hypostomus plecotomus*, utilizando o teste dos micronúcleos. Os peixes blindados foram submetidos a 12mg/l de dicromato de potássio. Após 15 dias, observou-se que as células com MN aumentaram para 8,25 ± 0,02 % em comparação com o controlo que tinha uma média de 0,75 ± 0,03 %. Ventura *et al.* (2008) estudaram micronúcleos em *Oreochromis niloticus* expostos ao herbicida atrazina.

Hafez (2009) investigou a genotoxicidade e a citotoxicidade em peixes, *Mugil cephalus*, induzidas por poluentes na baía de Abu-qir, em quatro locais diferentes. Verificou-se a formação de micronúcleos, botões nucleares, células binucleadas e células apoptóticas fragmentadas no sangue, nos rins e nas brânquias dos peixes que foram recolhidos em diferentes locais da baía. Os dados revelaram que a localização perto da estação de bombagem de El-Tabia era o local mais poluído, uma vez que todos os tipos de alterações eram máximos nos peixes recolhidos neste local. Kirschbaum *et al.* (2009) investigaram o efeito de dois estuários poluídos, Cananeia e São Vicente, no Brasil, sobre *Centropomus parallelus*, uma importante fonte de alimento para a população local, tanto no inverno quanto no verão. O estuário de São Vicente tem múltiplas fontes de contaminação, tais como indústrias, esgotos, drenagem de águas pluviais, aterros legais e lixeiras, em contraste com Cananeia, que é um estuário não poluído localizado numa área legalmente protegida. As amostras de São Vicente apresentaram frequências de MN e NA mais elevadas do que as amostras de Cananeia. Não houve diferenças significativas nos valores de MN e NA em relação ao sexo, maturação gonadal e mudanças sazonais.

Yadav *et al.* (2010) observaram o efeito do butacloro, um herbicida amplamente utilizado, em peixes de água doce, *Cirrhinus mrigala*. Os peixes foram expostos a 1,0 ppm, uma concentração subletal de butacloro, e o teste de MN foi efectuado após 24, 48, 72 e 96 h. O número de MN foi máximo às 48 h e depois diminuiu. Os multimicronúcleos foram observados apenas após 96 h de exposição. Saleh (2010) estudou o efeito da água do lago poluído Uluabat nos eritrócitos periféricos de *Cyprinus carpio*. O grupo de controlo incluía pequenas larvas da mesma espécie de peixe recolhidas no mesmo lago e cultivadas em aquários de laboratório até atingirem o peso pretendido. Verificou-se que o NM aumentou significativamente nos peixes do lago Uluabat em comparação com os do grupo de controlo.

Parveen e Shadab (2011) investigaram o efeito do malatião em *Channa punctatus*. O estudo mostrou o potencial genotóxico do malatião dependente da dose. Malla *et al.* (2011) investigaram a indução de MN no peixe-gato de água doce, *Heteropneustes fossilis*, exposto a sindoor sintético em cinco concentrações (50, 100, 500, 1000 e 2000 ppm). A frequência de MN foi significativamente aumentada com o aumento da dose em eritrócitos periféricos e renais em comparação com o controlo. O resultado revelou um aumento relacionado com a dose na frequência de MN em ambos os casos.

Capítulo 2

MATERIAIS E MÉTODOS

O presente estudo tem por objetivo monitorizar o comportamento, a morfologia e o potencial genotóxico dos efluentes industriais de tinturaria num peixe, *Cirrhinus mrigala*. Para os estudos genotóxicos, foram realizados testes de aberração cromossómica (CAT), teste de micronúcleos (MNT) e teste de aberração eritrocitária (EAT). Estes testes de toxicidade foram efectuados *in vivo* nos peixes durante diferentes períodos de exposição a três concentrações subletais de efluentes da indústria de tinturaria.

Os diferentes métodos e técnicas utilizados são apresentados a seguir:

1. Seleção do animal de ensaio:

Rand e Petrocelli (1985) e Wepener (1987) sugeriram alguns critérios que devem ser tidos em conta ao selecionar um organismo de ensaio. Estes são os seguintes:

- Deve ser o representante desse ecossistema.
- Deve ser importante do ponto de vista comercial e ecológico.
- Deve ter uma ampla gama de sensibilidade.
- Deve ser de fácil manutenção no laboratório.
- Deve ser capaz de acumular poluentes rapidamente, de modo a refletir os níveis de poluentes no ambiente.

Entre os organismos aquáticos, o peixe é um importante componente ecológico da rede alimentar e desempenha diferentes papéis na rede trófica. O peixe é um bioindicador muito sensível da qualidade da água, uma vez que pode reagir a mutagénicos a baixas concentrações e pode evidenciar o perigo potencial dos produtos químicos introduzidos no ambiente aquático. Responde aos tóxicos de forma semelhante aos vertebrados superiores. Além disso, é considerado mais sensível à indução de danos genéticos do que as células dos mamíferos. Por conseguinte, o peixe foi utilizado como sentinela no presente estudo. Existem cerca de 14 espécies de peixes no rio Satluj (Dua e Parkash, 2009). Para o presente estudo, *o Cirrhinus mrigala* (Hamilton-Buchanan, 1822), vulgarmente conhecido como mrigal, foi selecionado como modelo, uma vez que tem grande preferência dos consumidores entre as carpas.

Posição sistemática dos peixes:

Reino	:	Animalia
Filo	:	Chordata
Classe	:	Actinopterygii
Ordem	:	Cypriniformes
Família	:	Cyprinidae
Género	:	*Cirrhinus*
Espécies	:	*mrigala* (Hamilton-Buchanan, 1822)

2. Recolha e manutenção dos animais de ensaio:

Espécimes vivos e saudáveis de *C. mrigala*, medindo 6-8 cm de comprimento e 30-55 g de peso, foram colhidos numa exploração governamental de sementes de peixe, em Patiala, e levados para o laboratório em sacos de plástico de boca larga contendo água fresca. Os peixes foram tratados com uma solução de KMnO4 a 0,1% durante 30 minutos para remover quaisquer infecções externas e foram aclimatados no laboratório durante 20 dias. Os peixes foram alimentados com ração peletizada. A alimentação foi interrompida 24 horas antes do início dos testes de genotoxicidade e os peixes não foram alimentados durante os períodos experimentais.

3. Produto químico de ensaio utilizado:

Os efluentes da indústria de tinturaria foram retirados diretamente da saída de resíduos de uma unidade industrial situada em Ludhiana para a realização do ensaio de genotoxicidade contra os peixes. Sabe-se que os efluentes da indústria de tinturaria contêm mercúrio, crómio, cobre, zinco, níquel, chumbo, manganês, cádmio, cloretos, sulfatos, compostos fenólicos, óleo e gordura (EPR, 2010).

4. Conceção experimental

4.1. Estimativa da concentração letal mediana (LC50) do produto químico em estudo:

A concentração única que se pode esperar que cause a morte de 50% de uma determinada população de um organismo num conjunto definido de condições experimentais é denominada LC50. Foi determinada pelo método sugerido por Finney (1971). Os testes foram efectuados em recipientes de plástico com uma capacidade de 70 litros. Foram recolhidos espécimes de peixes aclimatados e aparentemente saudáveis, não feridos e não infectados. 10 peixes foram expostos a 50 litros de água normal (controlo) e a cinco concentrações (20%, 30%, 40%, 50% e 60%) de efluente industrial de tinturaria. Cada experiência foi efectuada em triplicado. A mortalidade dos peixes foi registada durante 96 h. Os valores da mortalidade foram convertidos em probitos e as concentrações em valores logarítmicos e o gráfico foi traçado para determinar o valor LC50. Para o efluente da indústria de tinturaria, o valor LC50 para 96 h foi de 48,97%.

4.2. Exposição a concentrações subletais de efluentes da indústria de tingimento:

Os peixes do grupo de controlo foram mantidos em água bem arejada. Para o tratamento, os peixes foram expostos a três concentrações subletais (6,12%, 12,24% e 24,48%) de efluentes. Foram libertados em 50L de cada uma das três concentrações de efluente da indústria de tingimento. Não foram alimentados durante a experiência. Foram realizadas três séries de experiências para cada concentração. Os efluentes adicionados à água atingiram o órgão-alvo por um longo percurso, ao longo da circulação sanguínea e da absorção através do opérculo, do epitélio das brânquias e da superfície do corpo (Rishi e Grewal, 1995a, b; Chandra e Khuda-Bukhsh, 2001 e Rishi *et al.*, 2001). As respostas comportamentais e as alterações morfológicas foram registadas após exposição de 24 h, 48 h, 72 h e 96 h.

5. Preparações cromossómicas:

Os peixes (controlo e tratados) receberam uma injeção intraperitoneal de 0,05% de colchicina à razão de 1 ml/100 gm de peso corporal. Passada uma hora, o peixe foi dissecado do lado ventral de modo a remover os rins (Manna e Sadhukhan, 1986). O tecido renal foi limpo e cortado em pedaços, que foram mantidos em solução hipotónica (0,56% KCl) durante 30 minutos e depois fixados em fixador de Carnoy recentemente preparado. Procedeu-se a três mudanças de fixador de 15 minutos cada. O tecido fixado foi batido em lâminas limpas com a ajuda de uma pinça e as lâminas foram secas ao ar. As lâminas foram coradas com

Solução de trabalho de Giemsa, diferenciada em água destilada e seca ao ar (Tijo e Whang, 1965).

5.1. Preparações de cariótipos:

O cariótipo foi preparado a partir de placas de metáfase bem espalhadas dos peixes de controlo. Os cromossomas individuais foram cortados da placa metafásica e os cromossomas homólogos foram emparelhados com base no seu comprimento, na relação entre os braços e na morfologia, sendo depois dispostos por ordem decrescente de acordo com os seus tamanhos. Após a medição morfométrica, foi preparado um cariograma para estudar vários parâmetros, incluindo o comprimento total do complemento, a percentagem do comprimento total do complemento, o índice centromérico, a percentagem do comprimento relativo e a razão dos braços. Seguiu-se a classificação morfológica dos cromossomas proposta por Levan *et al.* (1964) para diferenciar os cromossomas metacêntricos, submetacêntricos, subtelocêntricos e telocêntricos, que é a seguinte

Posição centromérica	Rácio do braço (q/p)	Tipo de cromossoma
Mediana	1.00 - 1.70	Metacêntrico (M)
Submediana	1.71 - 3.00	Submetacêntrico (SM)
Subterminal	3.01 - 7.00	Subtelocêntrico (ST)
Terminal	7.00 em diante	Telocêntrico (T)

5.2. Análise morfométrica dos cromossomas:

Os cromossomas foram classificados como uniarmados e biarmados de acordo com Chen e Ebelling (1971) para calcular o número fundamental de braços (NF). O comprimento total médio (CTM), o comprimento total do complemento (TCL), a percentagem de TCL (TCL%), a percentagem do índice centromérico (IC%), a percentagem do comprimento relativo (RL%) e a razão de braços (RA) dos cromossomas foram calculados através das fórmulas a seguir indicadas

I. MTL = Mean total length (μ) of both arms

II. TCL = Sum of mean total lengths (μ) of all chromosomes.

III. TCL % = $\frac{\text{Mean total length of a chromosome}}{\text{Total complement length}} \times 100$

IV. CI % = $\frac{\text{Short arm of a chromosome}}{\text{Mean total length of the chromosome}} \times 100$

V. RL % = $\frac{\text{Absolute length of the chromosome}}{\text{Absolute length of the largest chromosome}} \times 100$

VI. AR = $\frac{\text{Length of long arm of a chromosome (q)}}{\text{Length of short arm of a chromosome (p)}}$

6. Preparação de um esfregaço de sangue para o estudo dos eritrócitos

Foram preparadas lâminas de esfregaço de sangue dos peixes de controlo e dos peixes tratados após 24 h, 48 h, 72 h e 96 h de exposição às três concentrações (6,12%, 12,24% e 24,48%), utilizando o método indicado por Ayllon *et al.* (2000) com ligeiras modificações. Para preparar as lâminas, o sangue foi colhido do rim anterior do peixe e foi imediatamente espalhado em lâminas pré-limpas, tendo sido preparado um esfregaço fino. As lâminas secas ao ar foram mantidas durante a noite à temperatura ambiente e, em seguida, fixadas em metanol absoluto durante 14 a 20 minutos. As lâminas foram secas ao ar durante meia hora, coradas com Giemsa durante 15 minutos, lavadas com água destilada para remover o excesso de corante e secas ao ar. As lâminas foram observadas ao microscópio.

7. Ensaios de genotoxicidade

7.1. Teste de aberrações cromossómicas (CAT):

Foram examinadas placas metafásicas de cromossomas bem distribuídos e anotados vários tipos de aberrações. Foram observadas 300 placas metafásicas para cada concentração e tempo de exposição. Foi contado o número de placas que apresentavam cada tipo de aberração.

7.2. Teste do micronúcleo (MNT):

Foram estudados 4000 eritrócitos para cada concentração e tempo de exposição. As células que apresentavam a presença de micronúcleos foram enumeradas.

7.3. Teste de aberrações eritrocitárias (EAT)

Para cada concentração e tempo de exposição, foram examinados 4000 eritrócitos para estudar os vários tipos de aberrações induzidas. Foi contado o número de células que apresentavam cada tipo de aberração.

8. Análise estatística

Os dados do teste de aberrações cromossómicas, do teste de micronúcleos e do teste de aberrações eritrocitárias foram expressos como média ± E.S. através da aplicação de ANOVA e do teste de Tukey. A análise estatística foi efectuada utilizando um programa informático denominado graphpad prism. Foi considerado como nível de significância $P<0,05$. Foi avaliada a significância estatística das frequências do teste de aberrações cromossómicas, do teste de micronúcleos e do teste de aberrações eritrocitárias nos grupos tratados e de controlo para cada concentração e duração.

9. Preparação de reagentes:

a. Colchicina (0,05%): Foi preparada misturando 50 mg de colchicina em 100 ml de água destilada.

b. Solução hipotónica (0,56% KCl): Foi preparada dissolvendo 560 mg de KCl em 100 ml de água destilada.

c. Fixador de Carnoy (3 metanol : 1 ácido acético glacial): Foi preparado fresco, misturando 3 partes de metanol e 1 parte de ácido acético glacial, e coberto corretamente.

d. Preparação da coloração de Giemsa: A solução de reserva da coloração de Giemsa foi preparada dissolvendo 1 g de pó de Giemsa em 66 ml de glicerina. Esta solução foi incubada durante 2 horas a 60^0 C. Depois de arrefecer o conteúdo, foram adicionados 66 ml de metanol e o stock foi armazenado no frigorífico. A solução de trabalho foi preparada diluindo a solução de reserva com a ajuda de água destilada na proporção de 1: 2.

Capítulo 3

OBSERVAÇÕES

O valor LC50 de 96 h dos efluentes da indústria de tinturaria contra *Cirrhinus mrigala* foi determinado utilizando o método de Finney (1971) e foi de 48,97%. Os peixes foram sujeitos a três concentrações subletais que incluíam 1/2 (24,48%), 1/4 (12,24%) e 1/8 (6,12%) de 96 h LC50 cada durante 24 h, 48 h, 72 h e 96 h. As observações relativas a alterações no comportamento geral e na morfologia, aberrações induzidas nos cromossomas e eritrócitos dos peixes foram registadas após 24 h, 48 h, 72 h e 96 h de exposição.

1. Respostas comportamentais e alterações morfológicas (Quadro 1)

O comportamento permite que um organismo se adapte a estímulos externos e internos para enfrentar os desafios da sobrevivência num ambiente em mudança, ao passo que as alterações morfológicas são alterações externas causadas por um ambiente alterado. Por conseguinte, o seu rastreio é um instrumento importante para determinar a genotoxicidade de um agente tóxico.

(a) Respostas comportamentais:

Controlo

Os peixes libertados em águas bem arejadas mostraram-se alerta e responderam ativamente a pequenas perturbações. Comportaram-se de forma natural, mostrando movimentos bem coordenados. Não se registou qualquer mortalidade no controlo.

Tratados

Os peixes experimentais expostos a três concentrações subletais durante 24 h, 48 h, 72 h e 96 h apresentaram respostas comportamentais anormais que são descritas a seguir:

1) Os peixes tratados apresentaram movimentos erráticos que aumentaram com o aumento da concentração do efluente e com a duração da exposição (24 h, 48 h, 72 h e 96 h).
2) Os peixes tratados foram observados a engolir ar à superfície ou a saltar fora de água. A frequência foi menor em 6,12% em comparação com 12,24% e 24,48% durante todas as observações (24 h, 48 h, 72 h e 96 h).
3) Em comparação com os peixes de controlo, observou-se que os movimentos operculares dos peixes eram rápidos em 6,12%, 12,24% e 24,48% após 24 horas de exposição. Após 48 h, eram normais em 6,12%, mas lentos em 12,24% e 24,48%. Após 72 h e 96 h também, os movimentos operculares eram normais em 6,12%, mas mais lentos em 12,24% e 24,48% das concentrações.
4) A perda de equilíbrio nos peixes tratados foi observada em 24,48% após 96 h de exposição, enquanto não se verificou noutras concentrações e durações.
5) Os peixes foram observados a bater contra a parede em concentrações de 12,24% e 24,48%, enquanto que na concentração de 6,12% não se registou qualquer batida.
6) Os peixes mostraram inquietação em 12,24% e 24,48%.
7) A lentidão foi observada nas concentrações de 12,24% e 24,48% após 72 h de exposição e em todas as concentrações após 96 h de exposição.
8) Dois peixes foram vistos deitados na superfície da água antes da morte em 24,48% após 72 h e 96 h de exposição.

(b) Alterações morfológicas:

A Cirrhinus mrigala tem um corpo aerodinâmico com focinho rombudo, lábio inferior indistinto e olhos dourados salientes. O corpo é cinzento escuro coberto de escamas ciclóides (Fig. 1).

Nos peixes experimentais submetidos a três concentrações subletais, foram observadas as seguintes aberrações morfológicas:

1) O afrouxamento das escamas dos peixes foi observado em todas as concentrações (6,12%, 12,24% e 24,48%) após 96 h de exposição (Fig. 2).
2) A vermelhidão nos olhos dos peixes foi observada em concentrações de 12,24% e 24,48% após 72 h e 96 h de exposição (Fig. 3).
3) Foi observada uma secreção mucosa profusa em todo o corpo em todas as concentrações (6,12%, 12,24% e 24,48%) após 72 h e 96 h de exposição (Fig. 4).
4) Foi observada hemorragia nas brânquias dos peixes em 12,24% e 24,48% após 72 h e 96 h de

exposição (Fig. 5).

5) O balonismo (Fig. 6) e a barriga para cima de dois peixes à superfície da água após a morte foram observados em 24,48% após 72 h e 96 h de exposição.

6) Foram observadas manchas pigmentadas no abdómen dos peixes em todas as concentrações (6,12%, 12,24% e 24,48%) após 72 h e 96 h de exposição (Fig. 7).

Após 96 h de exposição, quatro peixes foram deixados em 6,12%, dois em 12,24% e dois em 24) .48% de concentração. Estes peixes foram mantidos separadamente em água normal bem arejada. Os peixes com 6,12% recuperaram até certo ponto após 20 dias e mostraram um comportamento normal, embora as suas alterações morfológicas persistissem. Os peixes das concentrações de 12,24% e 24,48% morreram no prazo de 20 dias.

2. Análise cromossómica:

Controlo

Os cromossomas metafásicos somáticos obtidos de tecido renal revelaram um número diploide de 50 cromossomas (2n=50, Fig. 8). O cariótipo foi preparado a partir de uma placa metafásica bem disseminada de células renais (Fig. 9). Com base na relação entre os braços de cada cromossoma, a placa revelou

a) Número de cromossomas metacêntricos (m) =8 (biarmed)
b) Número de cromossomas submetacêntricos (sm) =6 (biarmed)
c) Número de cromossomas subtelocêntricos (st) =14 (biarmed)
d) Número de cromossomas telocêntricos (t) = 22 (não armados)

50, a fórmula cromossómica é 8m + 6sm + 14st + 22t. Não foi possível distinguir os cromossomas sexuais. A análise morfométrica do cariótipo somático revelou as seguintes caraterísticas (Tabela 2):

a) Comprimento médio real do maior cromossoma= 4,90^
b) Comprimento médio real do cromossoma mais pequeno= 1,93^
c) Percentagem do comprimento relativo do maior cromossoma= 100
d) Comprimento relativo percentual do cromossoma mais pequeno= 39,38
e) Relação entre o cromossoma maior e o mais pequeno=2,53
f) Comprimento total médio dos haplóides=74 ,34^
g) Comprimento total médio dos diplóides=148 ,68^
h) Número do braço fundamental= 78

Tratados

Preparações cromossómicas feitas a partir dos rins dos peixes submetidos a três concentrações subletais (6,12%, 12,24% e 24,48%) de efluentes da indústria de tinturaria apresentaram uma vasta gama de aberrações cromossómicas após 24 h, 48 h, 72 h e 96 h de exposição. Foi examinado um total de 300 placas para cada observação. O número de placas com cada tipo de aberração foi calculado como média ± E.S. (Quadro 3). Os diferentes tipos de aberrações cromossómicas observados são os seguintes

a) Fragmentação cromossómica (Cf)
b) Cromossomas em anel (Rc)
c) Deleção de cromátides terminais (Tcd)
d) Minutos (M)
e) Lacunas centroméricas (Cg)
f) Aderência (Stk)
g) Aglomeração (C)
h) Picnose (Py)
i) Alongamento (Stch)
j) Pulverização (P)

a) Fragmentação cromossómica (Cf)

Resulta da quebra de uma pequena parte do cromossoma. O número e o tamanho dos fragmentos resultantes da fragmentação cromossómica variam. Foram observados um ou dois fragmentos numa placa metafásica (Figs. 10 e 11). Em 6,12% e 12,24%, o número de placas com Cf aumentou de 24 h para 72 h e diminuiu acentuadamente após 96 h. Em 24,48%, aumentou de 24 h para 96 h.

b) Cromossomas em anel (Rc)

Quando as extremidades de um cromossoma são suprimidas, ocorre uma aderência entre as extremidades dos dois braços, resultando na formação de um cromossoma em anel. Foram observados um ou dois Rc's numa placa metafásica (Figs. 12 e 13). Em 12,24% e 24,48%, o número de placas com Rc aumentou progressivamente de 24 h a 96 h. Em 6,12%, aumentou de 24 h a 72 h, mas diminuiu acentuadamente após 96 h.

c) Deleção de cromátides terminais (Tcd)

A supressão de uma parte da região terminal da cromátide resulta na supressão da cromátide terminal. Foram observados um ou dois Tcd's numa placa metafásica (Figs. 14 &

15) . Em 24,48%, houve um aumento progressivo no número de placas com Tcd de 24 h a 96 h, mas em 6,12% e 12,24%, aumentou de 24 a 72 h e diminuiu acentuadamente após 96 h.

d) Minutos (M)

Trata-se de fragmentos muito pequenos dos cromossomas. Foram observados um ou dois minutos numa placa metafásica (Figs. 16 e 17). Em 24,48%, o número de placas com M's aumentou das 24 h às 96 h, mas em 6,12% e 12,24%, aumentou das 24 h às 72 h, mas diminuiu acentuadamente após as 96 h.

e) Lacunas centroméricas (Cg)

Quando as regiões centroméricas do cromossoma são esticadas e finalmente divididas, são criadas lacunas centroméricas. Estas lacunas foram observadas em placas metafásicas. O seu número por placa variou de um a dois (Figs. 18 e 19). Em 12,24% e 24,48%, o número de placas com Cg's aumentou de 24 h para 96 h. Em 6,12%, aumentou de 24 h para 72 h e diminuiu acentuadamente após 96 h.

f) Aderência (Stk)

Em algumas placas metafásicas, observam-se extremidades de dois ou mais cromossomas coladas (Figs. 20 e 21). Isto resulta de deleções terminais ou de despolimerização do ADN.

Em 24,48%, o número de placas com Stk era elevado após 24 h, mas diminuiu acentuadamente após 48 h e 72 h e depois aumentou acentuadamente após 96 h. Em 6,12% e 12,24%, aumentou de 24 h para 96 h.

g) Aglomeração (C)

Trata-se de uma fase avançada de aderência, em que a maior parte dos cromossomas se une e todo o complemento aparece aglomerado (Figs. 22 e 23). Em 24,48%, o número de placas com C aumentou de 24 h a 72 h e diminuiu acentuadamente após 96 h. Em 6,12% e 12,24%, o número de complementos aglomerados permaneceu flutuante e não foi observada uma tendência definida de 24 h a 96 h.

h) Picnose (Py)

Trata-se de uma coloração diferencial dos cromossomas devido à condensação e descondensação parcial das regiões cromossómicas, resultando numa coloração clara e escura dos cromossomas. Foi observada picnose em alguns cromossomas (Figs. 24 e 25). Observou-se um aumento progressivo de 24 h a 96 h em todas as concentrações.

i) Alongamento (Stch)

É o alongamento e o afinamento dos cromossomas (Figs. 26 e 27). Em 12,24% e 24,48%, o número de placas com Stch aumentou de 24 h a 72 h e diminuiu acentuadamente após 96 h. Mas em 6,12%, aumentou progressivamente de 24 h a 96 h.

j) Pulverização (P)

É o tipo mais grave de aberração cromossómica em que todo o complemento cromossómico fica fragmentado e danificado (Figs. 28 e 29). Em todas as três concentrações aplicadas, o número de placas com P diminuiu de 24 h para 96 h.

As frequências gerais das aberrações cromossómicas nos peixes controlados e tratados são apresentadas no Histograma - 1. As frequências percentuais de várias aberrações cromossómicas nos peixes controlados e tratados são apresentadas nos gráficos de tartes - 1 (a-d).

A análise dos dados relativos às aberrações cromossómicas apresentados no quadro 3 revela um efeito tóxico máximo na concentração mais elevada (24,48%), seguido de 12,24% e 6,12%. Rc, C, Cg, Tcd foram as aberrações predominantes. Uma análise comparativa dos dados sobre aberrações cromossómicas em várias concentrações revelou as seguintes tendências:

A uma concentração de 6,12%, os valores médios±SE de todas as aberrações cromossómicas foram $38,00\pm2,89^{a}$, $62,00\pm1,15^{b}$, $66,33\pm1,86^{c}$ e $48,66\pm2,96^{d}$ após exposição de 24 h, 48 h, 72 h e 96 h, respetivamente. Verificou-se um aumento das aberrações cromossómicas com o aumento da duração da exposição até 72 h, mas depois houve uma diminuição. Observou-se que as lacunas centroméricas eram as mais elevadas (42,33%) e que Stk era a mais baixa (5,33%). Várias aberrações cromossómicas, na sua totalidade, diminuíram pela ordem Cg>Rc>C>Tcd>M>Cf>Stch>P>Py>Stk. Após 24 h, a ordem foi RC>Cg>M>C>P>Tcd>Py>Stch>Cf>Stk com RC como a mais alta e Stk como a mais baixa. Após 48 h, a ordem foi Cg>C>Tcd>Cf>Rc>M>Stch>P>Py>Stk com Cg como o mais alto e Stk como o mais baixo. Após 72 h, a ordem foi Cg>Rc>Tcd>Cf>M>C>Stk>Stch>Py>P com Cg como o mais alto e P como o mais baixo. Depois de 96 h, a ordem foi C>Cg>Rc>Tcd>Stk>Cf>M>Stch>Py>P com C como o mais alto e P como o mais baixo.

Na concentração de 12,24%, os valores médios±SE de todas as aberrações cromossómicas foram $28,00\pm0,33^{a}$, $51,00\pm1,86^{b}$, $54,00\pm1,86^{c}$ e $59,33\pm2,33^{d}$ após 24 h, 48 h, 72 h e 96 h, respetivamente. Verificou-se um aumento das aberrações cromossómicas entre as 24 h e as 96 h de duração. As lacunas centroméricas e os cromossomas em anel apresentaram um aumento progressivo com o aumento do tempo. Com 12,24%, C foi a mais alta (33,33%) e Stk (3,66%) foi a mais baixa entre as várias aberrações. A ordem decrescente das aberrações cromossómicas individuais foi C>Rc>Cg>M>Tcd>Py>Cf>P>Stch>Stk. Após 24 h, C era a mais elevada e Stk a mais baixa. As várias aberrações diminuíram na ordem C>Rc>M>Cg>P>Py>Tcd>Stch>Cf>Stk. Após 48 h, também, C era máximo e P era mínimo. A ordem decrescente das várias aberrações foi C>M>Py>Rc>Cf>Cg>Tcd>Stk>Stch>P. Após 72 h, Tcd foi máximo e Stk foi mínimo. A ordem decrescente foi Tcd>Cg>Rc>M>C>Cf>Stch>P>Py>Stk. Após 96 h, várias aberrações diminuíram na ordem Cg>Rc>C>Tcd>Py>Cf>M>Stch>Stk>P com Cg ocorrendo na frequência mais alta e P na frequência mais baixa.

Na concentração de 24,48%, os valores médios±SE de todas as aberrações cromossómicas foram $39,00\pm1,00^{a}$, $41,66\pm1,33^{b}$, $62,00\pm2,19^{c}$ e $83,00\pm1,73^{d}$ após 24 h, 48 h, 72 h e 96 h, respetivamente. Verificou-se um aumento progressivo das aberrações cromossómicas com o passar do tempo. A ordem das aberrações cromossómicas individuais é Cg>C>Rc>Cf>M>Tcd>Py>Stk>P>Stch, sendo Cg a mais elevada e Stch a mais baixa.

Após 24 horas, a frequência de Cg foi a mais elevada e a de Py a mais baixa. A ordem decrescente das aberrações cromossómicas foi Cg>Stk>C>P>M>Cf>Rc>Stch>Tcd>Py. Após 48 h, a ordem das aberrações cromossómicas foi C>Cf>Rc>Cg>Py>M>Tcd>P>Stch>Stk, sendo C a mais elevada e Stk a mais baixa. Após 72 h, a ordem das aberrações cromossómicas foi C>Cg>Tcd>M>Cf>Rc>Stch>Py>P>Stk, sendo C a mais elevada e Stk a mais baixa. Após 96 h, a ordem das aberrações cromossómicas foi Cg>Rc>Cf>Tcd>M>Py>C>Stk>P>Stch, sendo Cg a mais elevada e Stch a mais baixa. É evidente a partir dos dados que em 24,48%, Cf, Rc, Cg, Tcd, C e M foram predominantes.

Observou-se ainda que as lacunas centroméricas, a aglutinação, as supressões de cromatídeos terminais e os cromossomas em anel permaneceram predominantes, enquanto a viscosidade, as pulverizações, a picnose e o estiramento permaneceram os mais baixos em todas as três concentrações subletais.

3) Teste do micronúcleo (teste MN) :

O teste MN foi efectuado no sangue renal de rins obtidos de peixes. Os micronúcleos são pequenos corpos nucleares em forma de ponto que podem estar estreitamente ligados ao núcleo principal ou situar-se no interior ou na periferia da célula. Basicamente, os micronúcleos são os fragmentos de cromossomas ou o cromossoma inteiro que ficam para trás durante a fase de anáfase da divisão celular devido à perda do centrómero ou a qualquer anomalia na citocinese. Assim, o teste de micronúcleos (MN) é um ensaio de curta duração que fornece uma medida do evento aneugénico que conduz à perda cromossómica ou do evento clastogénico que conduz à separação de um fragmento cromossómico acêntrico de um cromossoma após a quebra.

Em *Cirrhinus mrigala,* um eritrócito normal tem uma forma elíptica com um núcleo centralizado num citoplasma claro. Estes eritrócitos normais foram observados nos rins de espécimes de controlo de peixes (Figs. 30 e 31) Foram estudadas 4000 células para cada observação efectuada após 24 h, 48 h, 72 h e 96 h nos peixes tratados e nos peixes de controlo (Quadro 4).

As frequências globais de células com micronúcleos nos peixes de controlo e tratados são apresentadas no Histograma - 2. As frequências percentuais de células com micronúcleos nos peixes de controlo e tratados são apresentadas nos Gráficos de tartes - 2 (a-d).

Após o tratamento com várias concentrações de efluentes da indústria de tinturaria, o teste MN mostrou diferenças significativas entre o controlo e os tratados observados após a exposição de 24 h, 48 h, 72 h e 96h ($p<0,05$). Na concentração de 6,12%, os valores médios±SE das células com micronúcleos foram 3,97±0,57[a] , 3,92±0,66[b] , 2,87±0,33[c] e 1,75±0,33[d] após exposição de 24 h, 48 h, 72 h e 96 h, respetivamente, ou seja, o número total de células com MN diminuiu de 24 h para 96 h. Na concentração de 12,24%, os valores médios ± SE de MN foram 5,00±0,66[a] , 4,52±0,66[b] , 4,05±0,33[c] e 2,50±0,33[d] após 24 h, 48 h, 72 h e 96 h, respetivamente, indicando uma diminuição do número de células com MN com o aumento do período de exposição. Na concentração de 24,48%, os valores médios±SE de MN foram 3,27±0,66[a] , 4,62±0,33[b] , 4,87±0,57[c] e 5,27±0,33[d] após 24 h, 48 h, 72 h e 96 h, respetivamente, o que indica que o número total de células com MN aumentou de 24 h para 96 h.

À medida que a concentração aumentava, o número de células com MN também aumentava. Com 6,12%, o número total de células com MN foi de 501. O número de células com um MN (Figs. 32 e 33) foi elevado (491), enquanto as células com dois MN (Figs. 34 e 35) e com três a cinco MN (Figs. 36 e 37) foram observadas apenas ocasionalmente (8 e 2, respetivamente). Quando a concentração aumentou para 12,24%, o número total de células com MN aumentou para 643. O número de células com um MN aumentou (637), mas o número de células com dois MN foi muito reduzido (6). Não foi observada nenhuma célula com três a cinco MN. Na concentração de 24,48%, o número total de células com MN aumentou ainda mais para 722. O número de células com um MN diminuiu (400), mas o número de células com dois MN aumentou consideravelmente (322). No entanto, não foram observadas células com três a cinco MN.

4) Aberrações eritrocitárias :

As aberrações eritrocitárias são um bom indicador de genotoxicidade. Estas são principalmente de dois tipos, nucleares e celulares. Quando os peixes foram expostos aos efluentes da indústria de tingimento, foram observadas aberrações nucleares e celulares.

a) Aberrações nucleares:

i) Extrusão nuclear (NE)

Nalgumas células, os núcleos deslocaram-se em direção à periferia e foram vistos como estando a extrudir-se (Figs. 38 & 39). Como resultado, a forma da célula foi deformada. No controlo, apenas 12 células apresentaram extrusão nuclear. Globalmente, a NE máxima foi observada em 12,24% (1146) e a mínima em 6,12% da concentração (961). Em 6,12%, a extrusão nuclear diminuiu das 24 h às 96 h. Em 12,24%, a extrusão nuclear aumentou das 24 h às 48 h e depois diminuiu. Em 24,48%, a extrusão nuclear aumentou das 24 h às 96 h.

ii) Núcleo com bolhas (B)

Em alguns eritrócitos, foi observada uma protuberância irregular no núcleo da célula (Figs. 40 e 41). Estas protuberâncias são designadas por bolhas e o núcleo com bolhas é designado por núcleo com bolhas. Observou-se que as bolhas aumentam com o aumento da concentração de efluente da indústria de tingimento. Ocorreu em 45 células com 6,12%, em 54 células com 12,24% e em 316 células com 24,48% de concentração. No controlo, apenas 28 células apresentavam núcleos com bolhas. Em 6,12 %, os núcleos descolados aumentaram das 24 h às 72 h e depois diminuíram. Em 12,24% e 24,48%, os núcleos descolados aumentaram das 24 h às 96 h.

iii) Binucleado (BN)

Em algumas células, foram observados dois núcleos (Figs. 42 e 43). O número de tais células foi 79, 80 e 70 em concentrações de 6,12%, 12,24% e 24,48%, respetivamente. No entanto, no controlo, apenas foram observadas 12 células BN. Em todas as concentrações (6,12%, 12,24% e 24,48%), as células com núcleos binucleados aumentaram das 24 h às 96 h.

iv) Núcleo lobulado (L)

Nalgumas células, os núcleos apresentavam-se bilobados ou multilobados (Figs. 44 e 45). O número de tais células foi muito elevado em 24,48% (1229) em comparação com 12,24% (130) e 6,12% (355) concentrações. No controlo, apenas 24 células apresentaram núcleos lobados. Em todas as concentrações, o número de células com núcleos lobados aumentou das 24 h às 96 h.

v) Núcleo entalhado (N)

Em algumas células, os núcleos mostraram invaginação que é denominada entalhe (Figs. 46 & 47). O número de tais células foi de 78, 59 e 118 em concentrações de 6,12%, 12,24% e 24,48%, respetivamente. No controlo, não foi encontrado nenhum entalhe em nenhuma célula. Em todas as concentrações, o número de células com núcleos entalhados aumentou de 24 h para 96 h.

b) Aberrações celulares:

i) Célula enucleada (EnC)

Verificou-se que algumas células eram desprovidas de núcleos, embora o seu número fosse muito reduzido (Figs. 48 e 49). O seu número total foi o mais elevado em 6,12% (49), mas diminuiu em 12,24% (37) e diminuiu ainda mais em 24,48% (7). No controlo, as células enucleadas estavam ausentes. Em todas as concentrações, as células enucleadas diminuíram das 24 h às 96 h.

ii) Célula vacuolada (VC)

A vacuolização do citoplasma foi observada em algumas células (Figs. 50 e 51). No geral, a CV máxima foi observada em 12,24% (974) e a mínima em 24,48% (343). No controlo, apenas 15 células vacuoladas estavam presentes. Em 6,12% e 12,24%, as células vacuoladas diminuíram das 24 h às 96 h. Em 24,48%, registou-se um aumento das células vacuoladas das 24 h às 48 h e depois uma diminuição nas observações seguintes.

iii) Célula deformada (DC)

Verificou-se que algumas células apresentavam uma forma irregular (Figs. 52 e 53). Estas células são designadas por células deformadas. O número de células deste tipo era elevado em 6,12% (2770) e baixo em 12,24% (2613). No controlo, apenas 61 células deformadas estavam presentes. Em todas as concentrações, o número de células deformadas diminuiu das 24 h às 96 h.

iv) Célula equinocítica (CE)

Nalgumas células, a membrana foi encontrada com crenação (Figs. 54 & 55). Estas células são designadas por equinócitos. O número de tais células foi de 962, 239 e 1112 em concentrações de 6,12%, 12,24% e 24,48%, respetivamente. No controlo, os equinócitos estavam ausentes. Em 6,12% e 24,48%, os equinócitos aumentaram das 24 h às 96 h. Em 12,24%, os equinócitos diminuíram das 24 h às 96 h.

v) Célula fusiforme (SC)

Vários eritrócitos apresentavam forma fusiforme (Figs. 56 e 57). O seu número total foi superior em 24,48% (3173) e 6,12% (3020) em comparação com 12,24% (1472). No controlo, apenas 69 células fusiformes estavam presentes. Em 6,12%, as células fusiformes aumentaram das 24 h às 96 h, enquanto em 12,24%, as células fusiformes diminuíram das 24 h às 96 h. Em 24,48%, as células fusiformes diminuíram das 24 h às 48 h, mas depois aumentaram até às 96 h.

vi) Célula apoptótica (CA)

As células que sofrem morte celular programada exibem frequentemente alterações morfológicas distintas, designadas coletivamente por apoptose (Figs. 58 e 59). No controlo, 52 células apresentaram apoptose. O seu número total foi o mais elevado na concentração de 6,12% (1229), mas diminuiu na concentração de 12,24% (1138) e diminuiu ainda mais na concentração de 24,48% (940). Em 6,12%, o número de células apoptóticas aumentou de 24 h para 48 h e depois diminuiu. Em 12,24%, as células apoptóticas diminuíram de 24 h a 96 h, exceto em 72 h, onde se observou um ligeiro aumento. Em 24,48%, as células apoptóticas diminuíram das 24 h às 72 h e depois aumentaram.

As frequências gerais de células com aberrações eritrocitárias nos peixes controlados e tratados são mostradas no Histograma - 3. As frequências percentuais de várias aberrações eritrocitárias nos peixes controlados e tratados são mostradas nos gráficos de tartes 3(a-d). Os dados estatísticos sobre as aberrações eritrocitárias induzidas pelos efluentes da indústria de tinturaria são mostrados na Tabela 5. Os dados revelam diferenças significativas entre o controlo e os tratados após 24 h, 48 h, 72 h e 96 h de tratamento com um nível de significância de $p<0,05$.

Na concentração de 6,12%, os valores médios±SE do número de aberrações eritrocitárias foram 68,10±0,88^{a} , 63,72±0,88^{b} , 61,82±0,66^{c} e 67,20±1,33^{d} após 24 h, 48 h, 72 h e 96h, respetivamente. Houve uma diminuição das aberrações eritrocitárias das 24 h às 72 h e depois um aumento após 96 h. Vários tipos de aberrações eritrocitárias diminuíram na ordem SC>DC>AC>EC>NE>VC>L>BN>N>EnC>B com células fusiformes como as mais elevadas (75,50%) e núcleos com bolhas como os mais baixas (1,12%). O número de células fusiformes permaneceu mais elevado até à última observação, ou seja, 96 h, ao passo que as células com hemorragias, entalhadas e enucleadas permaneceram comparativamente baixas durante todo o tempo.

Na concentração de 12,24%, os valores médios±SE do número de aberrações eritrocitárias foram 72,80±0,88[a] , 60,37±1,76[b] , 36,12±2,73[c] e 29,50±2,40[d] após 24 h, 48 h, 72 h e 96 h, respetivamente. Assim, observou-se uma diminuição global do número de células que apresentavam aberrações eritrocitárias entre 24 h e 96 h. As células deformadas foram as máximas (65,32%), enquanto as células enucleadas foram as mínimas (0,92%). A ordem decrescente das aberrações eritrocitárias individuais foi DC>SC>NE>AC>VC>EC>L>BN>N>B>EnC.

Na concentração de 24,48%, os valores médios±SE das aberrações eritrocitárias foram 55,60±1,86[a] , 63,35±1,00[b] , 71,80±2,73[c] e 84,15±2,00[d] após 24 h, 48h, 72h e 96 h, respetivamente. Assim, os dados revelaram um aumento progressivo de 24 h a 96 h no número de eritrócitos submetidos a aberrações sob o impacto dos efluentes da indústria de tingimento.

Individualmente, as células fusiformes ocorreram em maior número (79,32%) e as células enucleadas ocorreram em menor frequência (0,71%) até à última observação. A ordem decrescente das aberrações eritrocitárias foi SC>DC>L>EC>NE>AC>VC>B>N>BN>EnC.

Os dados revelam efeitos genotóxicos do efluente nos peixes, dependentes do tempo e da concentração. As células fusiformes, as células deformadas, as células apoptóticas (aberrações celulares), os núcleos lobados e a extrusão nuclear (aberrações nucleares) foram consideradas aberrações predominantes.

Capítulo 4

DISCUSSÃO

A qualidade da água é inabalavelmente afetada pelas actividades antropogénicas no sentido do desenvolvimento. Nos países em desenvolvimento, a industrialização, a urbanização e a revolução verde estão a aumentar a poluição da água a um ritmo alarmante. As massas de água doce, tais como rios, lagos e lagoas, tornaram-se, de facto, locais de eliminação de resíduos domésticos e industriais que conduzem à poluição da água. O peixe é um indicador importante da poluição da água, uma vez que está em contacto direto com a água para se alimentar e obter oxigénio, sendo por isso muito sensível a qualquer alteração no ambiente aquático. Assim, pode ser utilizado em bioensaios para avaliar os efeitos dos poluentes. Os efeitos manifestam-se geralmente a nível bioquímico e molecular e conduzem depois a alterações genéticas que se tornam citologicamente visíveis nos tecidos. O teste de aberração cromossómica, o teste de micronúcleos e o teste de aberração eritrocitária são os instrumentos promissores para avaliar a genotoxicidade de um poluente. O presente estudo é uma tentativa de avaliar a genotoxicidade induzida em peixes, *Cirrhinus mrigala*, expostos a concentrações subletais de efluentes industriais de tinturaria que se sabe conterem mercúrio, crómio, cobre, zinco, níquel, chumbo, manganês, cádmio, cloretos, sulfatos, compostos fenólicos, óleo e gordura (EPR, 2010). O valor LC50 de 96 h dos efluentes industriais de tinturaria contra *Cirrhinus mrigala* foi determinado utilizando o método sugerido por Finney (1971) e foi de 48,97%. Os peixes foram expostos durante 24 h, 48 h, 72 h e 96 h a três concentrações subletais, a saber, 1/2 (24,48%), 1/4 (12,24%) e 1/8 (6,12%) do valor LC50 de 96 h do efluente da indústria de tingimento.

Alterações comportamentais e morfológicas

A Cirrhinus mrigala tem um corpo cinzento-escuro e aerodinâmico, com focinho rombudo, lábio inferior indistinto e olhos dourados salientes. O corpo está coberto de escamas ciclóides. Os peixes de controlo libertados em água bem arejada mostraram-se alerta e responderam ativamente a pequenas perturbações. Comportaram-se de forma natural, mostrando movimentos bem coordenados. Os peixes tratados, expostos a três concentrações subletais (6,12%, 12,24% e 24,48%) de efluentes industriais de tinturaria, mostraram inquietação, movimentos erráticos do corpo, ingestão de ar à superfície ou saltos para fora de água, movimentos operculares, perda de equilíbrio e embate contra a parede. Foram também observadas algumas alterações na morfologia exterior, que incluíam balonismo, afrouxamento das escamas, vermelhidão nos olhos, secreção mucosa profusa, sangramento das brânquias e manchas pigmentadas no abdómen. Todos estes sintomas aumentaram com o aumento da concentração e da duração da exposição. A reversão de alguns sintomas foi observada na concentração mais baixa, ou seja, 6,12%.

A perda de equilíbrio, a natação errática e a inquietação são respostas comportamentais comuns em vários peixes expostos a uma variedade de tóxicos, tal como registado em *Rasbora daniconius* exposto ao zinco (Khangarot e Rajbanshi, 1979), em *Anabas testudineus, Channa punctatus* e *Barbodes gonionotus* expostos ao diazinão 60 EC (Rahman *et al*, 2002), em *Clarias batrachus* exposto a cloreto de cádmio, carbaril e malatião (Jayakumar e Paul, 2006), em *Channa punctatus* exposto a cipermetrina e k-cialotrina (Kumar *et al.*,2007; Pandey, 2009), em *Labeo rohita* exposto a cipermetrina (Marigoudar *et al*, 2009), em *Cyprinus carpio* exposto a cloropirifos (Halappa e David, 2009), em *Labeo rohita* exposto a cianeto de sódio (Dube e Hosetti, 2010), em *Labeo rohita, Catla catla* e *Cirrhinus mrigala* expostos a fenvalerato (Susan e Sobha, 2010), em *Oreochromis niloticus* e *Clarias batrachus* expostos a sulfato de cobre (Ezeonyejiaku, 2011) e em *Oreochromis niloticus* expostos a cipermetrina (Yaji *et al.*, 2011). O bater contra a parede foi observado em *Labeo rohita, Catla catla* e *Cirrhinus mrigala* expostos a fenvalerato (Susan e Sobha, 2010). A inquietação, a perda de equilíbrio, o bater contra a parede e a hiperatividade nos peixes podem ocorrer devido à inativação da acetilcolinesterase (AChE), levando à acumulação de acetilcolina nas junções sinápticas (Fulton e Key, 2001; Rao *et al.*, 2005; Mushigeri e David, 2005 e Agrahari *et al.*, 2006).

Secreção mucosa abundante, aumento do movimento opercular e pigmentação escura de partes do corpo foram observados em *Rasbora daniconius* expostos ao zinco (Durve, *et al.*, 1980), em *Clarias gariepinus* tratados com lindano e diazinon (Omitoyin *et al*, 2006), em *Heteropneustes fossilis* expostos ao dimetoato (Pandey *et al.*, 2009), em *Clarias batrachus* expostos ao carbaril e ao malatião (Wasu *et al.*, 2009), em *Heteropneustes fossilis* expostos ao dimetoato (Srivastava *et al.*, 2010) e em *Oreochromis niloticus* expostos à cipermetrina (Yaji *et al.*, 2011). A secreção profusa de muco é considerada um mecanismo de defesa para neutralizar o efeito do tóxico e evitá-lo. Bisht e Agarwal (2007) sugeriram que o muco produzido coagula com o tóxico e impede a sua entrada cutânea no corpo. A ressurgência ou ingestão de ar pode ocorrer devido à procura de um nível mais elevado de oxigénio após a exposição (Katja *et al.*, 2005).

Aberrações cromossómicas

No controlo, os cromossomas metafásicos somáticos obtidos do tecido renal revelaram um número diploide de 50 cromossomas (2n=50, 8 metacêntricos, 6 submetacêntricos, 14 subtelocêntricos e 22 telocêntricos) com uma morfologia clara. Os resultados da análise cromossómica de *Cirrhinus mrigala* obtidos estavam de acordo com o relatório anterior de Rishi (1981). Foram encontradas muito poucas aberrações cromossómicas no controlo. Nos grupos tratados, foram detectados vários tipos de aberrações cromossómicas, tais como fragmentação cromossómica (Cf), cromossoma em anel (Rc), deleção de cromátides terminais (Tcd), minutos (M), viscosidade (Stk), aglomeração (C), picnose (Py), alongamento (Stch) e pulverização (P). Em 6,12%, houve um aumento das aberrações cromossómicas das 24 h às 72 h, mas uma diminuição às 96 h de exposição, ao passo que em 12,24% e 24,48%, as aberrações cromossómicas aumentaram das 24 h às 96 h. Mohamed *et al.* (2008) também estudaram o efeito dependente do tempo e da dose em peixes, *Oreochromis niloticus*, expostos a 1/5, 1/10 e 1/20th do valor LC50 de CuSO4 e [(CHCOO)3 Pb] durante 2, 4 e 6 semanas e observaram eliminações de cromatídeos, lacunas, fragmentos, viscosidade e cromossomas em anel. Uma dose e um tempo mais elevados revelaram-se mais tóxicos, tal como observado no presente estudo. Do mesmo modo, Yadav e Trivedi (2006) avaliaram o potencial genotóxico do crómio [Cr(VI)] no peixe *Channa punctatus*. A exposição de 24 h, 48 h, 72 h, 96 h e 168 h produziu aberrações cromossómicas notáveis, como deleções, fragmentos, anéis e lacunas, que foram significativas às 72 h. Yadav e Trivedi (2009) também observaram lacunas cromatídicas e cromossomas em anel em células renais de *Channa punctatus* expostas a cloreto de mercúrio, trióxido de arsénio e sulfato de cobre penta-hidratado durante uma semana. Tripathi *et al.* (2009) relataram um aumento dependente da concentração das aberrações cromossómicas no peixe-gato asiático, *Clarius batrachus*, exposto a fluoreto (F), em que o tratamento com F- induziu um elevado número de aberrações cromossómicas, tais como deleções cromatídicas, fragmentos e cromossomas em anel. Cestari *et al.* (2004) também registaram lacunas e fragmentação cromossómica sob doses tróficas de chumbo durante 18 e 41 dias no peixe neotropical *Hoplias malabaricus*. No entanto, com o aumento do tempo de exposição, as aberrações diminuíram, o que contrasta com os presentes resultados, em que as aberrações aumentaram com o aumento do tempo de exposição. Ferraro *et al.* (2004) e Ramsdorf *et al.* (2009) registaram resultados semelhantes neste peixe exposto a chumbo inorgânico. Radwan e Ghaly (2008) avaliaram o efeito do arseniato de sódio (1 mg/L) em peixes de água doce, *Claria lazera*, durante 96 h e registaram lacunas cromatídicas, deleções e fragmentos. Visoottiviseth *et al.* (1998) observaram deleções cromossómicas em 5,3 % e 4,7 % das células de peixe-gato tratadas com trifeniltinidróxido. Gadhia *et al.* (2008) registaram cromossomas em anel e lacunas em células branquiais de *Boleophthalmus dussumieri* após 4 h e 24 h de exposição a três antineoplásicos - Bleomicina, Mitomicina-C e Doxorrubicina, e o número de aberrações aumentou com o aumento da dose e dos intervalos de tempo.

Na maioria dos casos, os efeitos genotóxicos dependem do tempo e da dose, uma vez que a frequência das aberrações cromossómicas aumenta com o aumento das concentrações e do tempo de exposição aos tóxicos (Visoottiviseth *et al.*, 1998; Cestari *et al.*, 2004; Ferraro *et al.*, 2004; Yadav e Trivedi, 2006, 2009; Mohamed *et al.*, 2008; Gadhia *et al.*, 2008);
Ramsdorf *et al.*, 2008; Radwan e Ghaly, 2008; Tripathi *et al.*, 2009 e Obiakor *et al.*, 2010).

Também no ambiente aquático natural, os peixes recolhidos em locais mais poluídos apresentaram uma maior frequência de aberrações cromossómicas. Al-Sabti e Kurelec (1985) registaram aberrações cromossómicas (quebras e fragmentos) em *Mytilus galloprovincialis* colhidos em dez locais da zona de Rovinj, no norte do mar Adriático, e verificaram que a frequência era mais elevada no local mais poluído. Kumari e Ramkumaran (2006) observaram que 65% dos *Channa punctatus* recolhidos no lago Hussainsagar poluído apresentavam aberrações cromossómicas, como lacunas cromatídicas, fragmentos e cromossomas em anel, ao passo que apenas 20% dos peixes apresentavam aberrações em peixes recolhidos em locais não poluídos, Himayatsagar e Osmansagar. Hafez (2009) observou uma maior frequência de Stickiness, fragmentos, lacunas e deleções em *Mugil cephalus* no local mais poluído da baía de Abu-qir. Mahmoud *et al.* (2010) observaram um maior número de lacunas cromatídicas, deleções cromatídicas e fragmentos cromossómicos em dois peixes, *Oreochromis niloticus* e *Tilapia zillii*, em locais altamente poluídos que recebem esgotos e outras descargas, em comparação com locais não poluídos. Observações semelhantes foram registadas por Rose *et al.* (2010) em peixes de água doce, *Hypophthalmus molitrix*, presentes em locais poluídos do rio Coovum.

Os efluentes industriais de tinturaria contêm mercúrio, crómio, cobre, zinco, níquel, chumbo, manganês, cádmio, cloretos, sulfatos, compostos fenólicos, óleos e gorduras (EPR, 2010), que se sabe interferirem com o material genético. Foi sugerido que estes produtos químicos tóxicos perturbam as duplicações do ADN durante a fase S, interferem com a síntese de nucleótidos e replicam incorretamente o ADN danificado, conduzindo à malformação das moléculas de ADN (Evans, 1977; Landolt e Kocan, 1983; Matter *et al.*, 1992). Foi ainda sugerido que estas toxinas podem ter um forte efeito oxidativo nas proteínas fosfolípidas das membranas e nos ácidos nucleicos (Chorvatovicova *et al.*, 1992). O crómio é reduzido a crómio (IV) no organismo, o que gera radicais livres reactivos (Tsalev e Zaprianov, 1983). Segundo Natarajan e Obe (1978), os radicais OH e O2 são as espécies de oxigénio mais importantes que reagem com o ADN, provocando quebras no ADN que, em última análise, conduzem a aberrações cromossómicas.

Micronúcleos e aberrações eritrocitárias

No controlo, havia apenas um número muito reduzido de células com um MN e as células com dois ou mais MN estavam completamente ausentes. Também nos eritrócitos, as aberrações só foram encontradas raramente nos peixes de controlo.

Nos grupos tratados, foram observadas células com um, dois e três MN. Nas concentrações de 6,12% e 12,24%, registou-se uma diminuição da frequência de células com MN entre as 24 h e as 96 h, ao passo que na concentração de 12,24%, registou-se um aumento da frequência de células com MN entre as 24 h e as 96 h. Nos eritrócitos, foram observados diferentes tipos de aberrações nucleares e celulares, *nomeadamente* extrusão nuclear (NE), núcleo com bolhas (B), binucleado (BN), núcleo lobado (L), núcleo entalhado (N), células fusiformes (SC), células enucleadas (EnC), células vacuoladas (VC), células deformadas (DC), células equinocíticas (EC) e células apoptóticas (AC). Em 6,12%, registou-se uma diminuição da frequência das aberrações eritrocitárias até 72 h e um aumento em 96 h, ao passo que em 12,24%, registou-se uma diminuição das aberrações eritrocitárias entre 24 h e 96 h. Por outro lado, em 24,48%, registou-se um aumento da frequência das aberrações eritrocitárias entre 24 h e 96 h.

Verificou-se que vários tóxicos causam a formação de micronúcleos em peixes. Al-Sabti e Hardig (1990) observaram micronúcleos em percas encontradas no Mar Báltico contaminadas com águas residuais de pasta de papel, enquanto Poongothai *et al.* (1996) registaram micronúcleos em cinco espécies diferentes de peixes recolhidos em águas poluídas por esgotos. Foi detectado um aumento da frequência de células com MN em *Salmo trutta* na região a jusante do rio Trubia, onde são adicionados poluentes de metais pesados em elevada concentração provenientes de uma antiga fábrica militar (Ayllon *et al.*, 2000). Do mesmo modo, foi observado um aumento da frequência de MN em *Lates calcalifer, Liza parsia, Liza tade, Rhinomugil corsula* e *Terapon jarbua* encontrados no rio Hooghly-Matlah em três locais: Haldia (resíduos de indústrias petroquímicas e de fertilizantes), Kakdip (descargas industriais e de esgotos) e Canning (algumas fábricas de curtumes e descargas de esgotos). Foram detectadas anomalias nucleares nestes peixes, tais como hemorragias, entalhes, cónicas e vacuoladas, numa ordem crescente de Caning para Kakadip e Haldia (Mallick e Khuda-Bukhsh, 2003). Com o aumento da concentração e do tempo de exposição, foi observado um aumento significativo do número de células com MN e anomalias nucleares (binucleados, núcleos lobados, núcleos com bolhas e núcleos entalhados) em *Oreochromis niloticus* expostos a efluentes de refinarias de petróleo e de fábricas de processamento de crómio (Cavas e Ergene-Gozukara, 2005). Matsumoto *et al.* (2006) verificaram que a frequência de MN e de anomalias nucleares (núcleos com bolhas, entalhados e lobados) era maior em *Oreochromis niloticus* expostos durante 72 horas a água que recebia efluentes de curtumes do que a montante. Foi observado um aumento semelhante da frequência de micronúcleos e anomalias nucleares em locais poluídos em comparação com locais não poluídos em *Clarias gariepinus, Mugil cephalus* e *Alburnus orontis* (Ergene-Gozukara *et al.*, 2007), *Mugil cephalus* (Hafez, 2009), *Centropomus parallelus* (Kirschbaum *et al.*, 2009) e *Cyprinus carpio* (Saleh, 2010).

No presente estudo, foi observado um aumento na frequência de micronúcleos e aberrações eritrocitárias na concentração mais elevada (24,48%) e na duração da exposição (96 h). Ateeq *et al.* (2002), Balasem *et al.* (2002), Bhunyo e Sahoo (2004), Abdel-Wahhab (2005), Bolognesi *et al.* (2006), Cavas e Konen (2007), Radwan e Ghaly (2008), Norman *et al.* (2008), Parveen e Shadab (2011) e Malla *et al.* (2011). No entanto, Guha e Khuda-Bukhsh (2003) e Chandra e Khuda-Bukhsh (2004) registaram um aumento da frequência de MN até 48 h de exposição, seguido de uma diminuição em *Oreochromis mossambicus* tratados com sulfonato de etilmetano e cloreto de cádmio.

Como já foi referido, os produtos químicos tóxicos perturbam as duplicações do ADN durante a fase S, interferem com a síntese de nucleótidos, replicam incorretamente o ADN danificado e provocam quebras no ADN (Evans, 1997; Landolt e Kocan, 1983; Matter *et al.*, 1992). Além disso, sabe-se que os tóxicos produzem radicais livres OH e O2 e têm um forte efeito oxidativo nas proteínas fosfolípidas das membranas e nos ácidos nucleicos (Tsalev e Zaprianov, 1983; Natarajan e Obe, 1978). Embora o mecanismo exato que causa as aberrações nucleares nos eritrócitos não esteja totalmente explicado, foi sugerido que o brotamento nuclear na interfase causa a formação de núcleos lobados e com bolhas que, por sua vez, resultam na formação de micronúcleos. Todo este processo representa o mecanismo de eliminação dos genes amplificados dos núcleos (Shimizu *et al.*, 1998; Crott *et al.*, 2001). Além disso, Von Sonntag (1987) e Steenken (1989) levantaram a hipótese de que estas anomalias surgem devido aos danos causados ao material genético pelos radicais livres produzidos sob stress oxidativo causado por um agente tóxico. A aneuploidia é outra anomalia que surge devido à falha da tubulina e a fusões mitóticas sob a ação aneugénica dos tóxicos, e resulta na formação de células binucleadas e núcleos entalhados (Fernandes *et al.*, 2007; Ventura *et al.*, 2008). Ateeq *et al.* (2002), ao elaborarem a sequência de degradação celular sob o impacto do tóxico, sugeriram que os tóxicos provocam condições de hipoxia que resultam na depressão do ATP, o que leva a uma forma anormal dos eritrócitos. Além disso, os tóxicos interrompem a solubilidade lipídica das membranas dos eritrócitos, dando origem a células vacuoladas e a células equinocíticas e, por fim, conduzem à apoptose.

Os resultados do presente estudo demonstram claramente que as concentrações subletais de efluentes da indústria de tinturaria causam danos no material genético de *Cirrhinus mrigala*, sendo assim genotóxicas. A genotoxicidade foi máxima na concentração subletal mais elevada aplicada (24,48%). Os resultados das concentrações mais baixas (12,24% e 6,12%) também não podem ser ignorados porque a extensão dos danos nos cromossomas e nos eritrócitos aumentou com o período de exposição. Isto indica claramente que a exposição prolongada, mesmo a baixas concentrações de efluentes, pode revelar-se tóxica para a fauna piscícola. Sugere-se, portanto, que os efluentes da indústria de tingimento passem por uma estação de tratamento antes de serem descarregados no ecossistema fluvial. Devem ser tomadas medidas imediatas neste sentido, a fim de evitar que a fauna piscícola do Punjab continue a ser afetada.

RESUMO

- A água é vital para todas as formas de vida e é uma necessidade básica para a saúde ambiental e gestão. A qualidade da água é drasticamente afetada pelas actividades naturais e artificiais que visam o desenvolvimento. As massas de água doce tornaram-se, de facto, locais de eliminação de resíduos gerados em resultado destas actividades. As substâncias tóxicas continuam a acumular-se nas massas de água, o que tem como consequência a poluição grosseira da água. A Índia é dotada de uma enorme riqueza de recursos de água doce. O Estado do Punjab tem dois grandes rios, o Satluj e o Beas. O rio Satluj e os seus afluentes formam o maior sistema fluvial do Punjab. Devido à rápida industrialização, urbanização e revolução verde no estado, a poluição da água está a aumentar a um ritmo alarmante. Várias indústrias do Punjab estão a despejar os seus efluentes no rio Satluj ao longo de todo o seu curso no Punjab. Em Ludhiana, os efluentes das indústrias de tinturaria, meias, peças de máquinas, tintas, produtos químicos, curtumes e galvanoplastia são adicionados através de um afluente, o Buddha Nallah, enquanto em Harike, os resíduos industriais de Jalandhar e Kapurthala entram no Satluj através de um afluente, o East-Bain.
- A toxicologia aquática é a avaliação quantitativa e qualitativa dos efeitos tóxicos dos poluentes nos sistemas aquáticos e no ambiente. Devido ao rápido aumento da poluição, torna-se imperativo avaliar os efeitos diretos ou indirectos desses poluentes nos organismos aquáticos. O peixe tem sido amplamente utilizado para avaliar o potencial carcinogénico e mutagénico de um tóxico em condições de campo e de laboratório, uma vez que está continuamente exposto à água e pode acumular e armazenar poluentes transportados pela água. Além disso, é fácil de manusear, pouco dispendioso e sensível às alterações ambientais.
- Só em Ludhiana existem 268 indústrias de tinturaria que descarregam os seus resíduos em Buddha Nallah, que se junta ao rio Satluj em Gorsian, Kedarbaksh, no canto noroeste do distrito de Ludhiana. Os efluentes industriais de tinturaria contêm vários metais pesados e outras substâncias tóxicas que podem ser incorporados nos peixes e, através da cadeia alimentar, entrar nos seres humanos e causar problemas de saúde. Assim, é muito importante e urgente estudar os efeitos genotóxicos dos efluentes da indústria de tinturaria nos peixes. O presente estudo tem por objetivo investigar os danos causados por concentrações subletais de efluentes da indústria de tinturaria no material genético de *Cirrhinus mrigala*, um peixe comestível muito popular entre a população do Punjab.
- Para começar, foi calculado o valor LC50 de 96 h, que foi de 48,97%. Foram testadas três concentrações sub-letais, 6,12%, 12,24% e 24,48% (1/2, 1/4 e 1/8 de 48,97%, respetivamente) em cada lote de 12 peixes. As observações relativas às alterações comportamentais e morfológicas foram registadas após 24 h, 48 h, 72 h e 96 h de exposição. Da mesma forma, foram efectuados testes de genotoxicidade (teste de aberração cromossómica, teste de micronúcleos e teste de aberração eritrocitária) após 24 h, 48 h, 72 h e 96 h.
- Para o teste de aberrações cromossómicas, foram feitas preparações cromossómicas de tecido renal de peixes tratados e de controlo. As lâminas foram coradas com Giemsa. Para o teste de micronúcleos e o teste de aberração eritrocitária, foi preparado um esfregaço de sangue do rim anterior do peixe, seco ao ar e fixado em álcool absoluto durante 20 minutos antes da coloração. As lâminas foram coradas com Giemsa durante 15 minutos, lavadas com água destilada e secas ao ar.
- Dados do teste de aberração cromossómica, teste de micronúcleos e aberração eritrocitária foi submetido a uma análise estatística utilizando um software informático denominado Graph pad Prism com um nível de significância de $p<0,05$. Os valores médios ± E.S. foram calculados através da aplicação de ANOVA e do teste de Tukey.
- Os peixes de controlo libertados em águas bem arejadas mostraram-se alerta e respondem ativamente a pequenas perturbações. Comportaram-se de forma natural, mostrando movimentos bem coordenados. Os peixes tratados expostos a três concentrações subletais (6,12%, 12,24% e 24,48%) de efluentes industriais de tinturaria mostraram inquietação, movimentos erráticos do corpo, ingestão de ar à superfície ou saltos para fora de água, movimentos operculares, perda de equilíbrio e bater contra a parede. As respostas comportamentais foram máximas na concentração de 24,48% após 96 h de exposição. As alterações morfológicas incluíram balonismo, afrouxamento das escamas, vermelhidão nos olhos, secreção mucosa profusa, sangramento das brânquias e manchas pigmentadas

no abdómen. Todos estes sintomas aumentaram com o aumento da concentração e da duração da exposição. A reversão de alguns sintomas foi observada na concentração mais baixa, ou seja, 6,12%.

- O teste de aberrações cromossómicas revelou cromossomas em anel, aglutinados, centroméricos Os fragmentos de cromatídeos terminais predominam em todas as concentrações, mas são mais elevados em 24,48% após 96 horas de exposição, indicando que a genotoxicidade depende da concentração e do tempo de exposição. No teste dos micronúcleos, as células com um micronúcleo foram mais comuns do que com dois micronúcleos, especialmente em 24,48% após 72 horas. As aberrações eritrocíticas incluíram núcleos lobulados, extrusão nuclear, células deformadas e células fusiformes. A frequência das aberrações eritrocitárias aumentou com o aumento da concentração e do tempo de exposição.

- Os resultados de todos estes testes revelaram danos graves no material genético do peixes. Assim, é claramente indicado que os efluentes da indústria de tingimento são genotóxicos. Além disso, a concentração de 24,48% revelou-se a mais tóxica. As duas concentrações mais baixas (12,24% e 6,12%) revelaram-se menos tóxicas, mas o seu impacto não pode ser ignorado. A exposição contínua, mesmo a baixas concentrações do efluente, pode levar à toxicidade aguda. Sugere-se, portanto, que os efluentes da indústria de tinturaria sejam tratados antes de serem descarregados no rio para salvar a fauna piscícola do Punjab e manter um ambiente aquático saudável no estado.

REFERÊNCIAS

Abdel-Wahhab, M. A., Hasan, A. M., Aly, S. E. e Mahrous, K. F. (2005) Adsorção de esterigmatocistina por montmorilonite e inibição da sua genotoxicidade no peixe tilápia do Nilo (*Oreochromis niloticus*). *Mutation Research*, **582**: 20-27.

Adams, W. J. (1995). Métodos de ensaio de toxicologia aquática. In: *Handbook of Ecotoxicology*. Eds. Hoffman, D. J., Rattner, B. A., Burton, G. A. e Cairns, J. Lewis Publishers, Londres. pp. 25-46.

Adedeji, O. B., Adedeji, A. O., Adeyemo, O. K. e Agbede, S. A. (2008) Toxicidade aguda do diazinão para o peixe-gato africano (*Clarias gariepinus*). *Jornal Africano de Biotecnologia*, **7(5)**: 651-654.

Agrahari, S., Gopal, K. e Pandey, K. C. (2006) Biomarcadores de monocrotofos num peixe de água doce, *Channa punctatus* (Bloch). *Jornal de Biologia Ambiental*, **27**: 453-457.

Al-Sabti, K. (1985) Frequência de aberrações cromossómicas na truta arco-íris *Salmo gairdneri*, exposta a cinco poluentes. *Journal of Fish Boilogy*, **26(1)**: 13-19.

Al-Sabti, K. (1986) Comparitive micronucleated erythrocyte cell induction in three cyprinids by five carcinogenic-mutagenic chemicals. *Cytobios*, **47**: 147-154.

Al-Sabti, K. (1991) *Handbook of genotoxic effects and fish chromosomes.* Kligerman, A. D. (Eds.) Instituto Jozef Stefan, Jugoslávia, Jozef Stefan Institute Press. p. 221.

Al-Sabti, K. (1995) Uma técnica *in vitro* de células hepáticas bloqueadas binucleadas para testes de genotoxicidade em peixes. *Mutation Research*, **335(2)**: 109-120.

Al-Sabti, K. e Hardig, J. (1990) Teste de micronúcleos em peixes para monitorizar os efeitos genotóxicos de produtos residuais industriais no Mar Báltico. *Comparative Biochemistry and Physiology*, **97C**: 79-82.

Al-Sabti, K. e Kurelec, B. (1985) Indução de aberrações cromossómicas no mexilhão *Mytilus galloprovincialis* watch. *Boletim de Contaminação Ambiental e Toxicologia*, **35**: 660-665.

Al-Sabti, K. e Metcalfe, C. D. (1995) Fish micronuclei for assessing genotoxicity in water. *Mutation Research*, **343(2-3)**: 121-135.

Ansari, R. A., Rahman, S., Kaur, M., Anjum, S. e Raissudin, S. (2011) Efeitos citogenéticos e de indução de stress oxidativo *in vivo* da cipermetrina em peixes de água doce, *Channa punctata* Bloch. *Ecotoxicologia e Segurança Ambiental*, **74(1)**: 150-156.

Ateeq, B., Farah, M. A., Ali, M. N. e Ahmed, W. (2002) Indução de micronúcleos e alterações eritrocitárias no peixe-gato, *Clarias batrachus*, pelo ácido 2,4-diclorofenoxiacético e pelo butacloro. *Mutation Research*, **518**: 135-144.

Ayllon, F., Suciu, R., Gephard, S., Juanes, F. e Garcia-Vazquez, E. (2000) Conventional armament wastes induce micronuclei in wild brown trout, *Salmo trutta*. *Mutation Research*, **470**: 169-176.

Balasem, A. N., Ali, A. K. e Mutar, A. J. (2002) Sensibilidade de alguns peixes de água doce aos poluentes da água. *Actas do Simpósio Internacional sobre Controlo da Poluição Ambiental e Gestão de Resíduos.* 7-10 de janeiro de 2002, *Tunis* (*EPCOWM'2002*). pp. 38-42.

Bhunya, S. P. and Sahoo, S. N. (2004) Genotoxic potential of carbaryl in the peripheral blood erythrocytes of *Anabas testudineus*. *Indian Journal of Fisheries*, **51(4)**: 417-423.

Bisht, I. e Agarwal, S. K. (2007) Alterações citomorfológicas e histomorfológicas nas células mucosas da epiderme do corpo geral de *Barilius vagra* (Cyprinidae, Pisces) após exposição ao herbicida-BLUE VITROL (CuSO4): Uma análise estatística. *Jornal de Zoologia Experimental,* Índia, **10**: 27-36.

Boller, K. e Schmid, W. (1970) Chemische mutagenese beim sauger das knochenmark des chinesischen hamsters als *in vivo* test system. *Hamatologische Befunde nach Behandlung mit Trenimon Humangenetik*, **11**: 35-54.

Bolognesi, C., Perrone, E., Roggieri, P., Pampanin, D. M. e Sciutto, A. (2006) Avaliação da indução de micronúcleos em eritrócitos periféricos de peixes expostos a xenobióticos em condições controladas. *Aquatic Toxicology*, **78S**: S93-S98.

Cairns, J. e Mount, D. I. (1990) Aquatic toxicology. *Environmental Science and*

Technology, **24(2)**: 154-160.
Cavas, T. e Ergene-Gozukara, S. (2005) Induction of micronuclei and nuclear abnormalities in *Oreochromis niloticus* following exposure to petroleum refinery and chromium processing plant effluents. *Aquatic Toxicology*, **74**: 264-271.
Cavas, T. e Konen, S. (2007) Deteção de danos citogenéticos e de ADN em eritrócitos periféricos de peixes dourados (*Carassius auratus*) expostos a uma formulação de glifosato utilizando o teste do micronúcleo e o ensaio cometa. *Mutagenesis*, **22(4)**: 263-268.
Cestari, M. M., Lemos, P. M. M., Ribeiro, C. A. O., Costa, J. R. M. A., Pelletier, E., Ferraro, M. V. M., Mantovani, M. S. e Fenocchio, A. S. (2004) Danos genéticos induzidos por doses tróficas de chumbo no peixe neotropical *Hoplias malabaricus* (Characiformes, Erythrinidae), revelados pelo ensaio cometa e por aberrações cromossómicas. *Genetics and Molecular Biology*, **27(2)**: 270-274.
Chandra, P. and Khuda-Bukhsh, A. R. (2001) An assay on genotoxicity produced by cadmium chloride in fish *Oreochromis mossambicus* and efficiency of vitamin-C in its alteration. *Ecotoxicologia e Segurança Ambiental*, **54(2)**: 233-235.
Chandra, P. e Khuda-Bukhsh, A. R. (2004) Genotoxic effects of cadmium chloride and azadirachtin treated singly and in combination in fish. *Ecotoxicologia e Segurança Ambiental*, **58(2)**:194-201.
Chen, T. R. e Ebelling, A. W. (1971) Chromosomes of the goby fishes in the genus *Gallichthys. Copeia*, **1**: 171-174.
Chorvatovicova, D., Kovacikova, Z., Sandula, J. e Navarova, J. (1992) Protective effect of sulphoethylglucan against hexavalent chromium. *Mutation Research*, **302**: 207-211.
Crott, J. W., Mashiyama, S. D., Ames, B. C. e Fenech, M. (2001) The effect of folic acid deficiency and MTHFR C677T polymorphism on chromosome damage in human lymphocytes *in vitro. Cancer Epidemiology, Biomarkers and Prevention*, **10**: 1089-1096.
Das, R. K. e Nanda, N. K. (1986) Indução de micronúcleos em eritrócitos periféricos do peixe *Heteropneustes fossilis* por mitomicina-C e efluentes de fábricas de papel. *Mutation Research*, **175**: 67-71.
Draggan, S. (1977) Efeito interativo dos compostos de crómio e de um parasita fúngico nos ovos de carpa. *Boletim de Contaminação Ambiental e Toxicologia*, **17(6)**: 653-659.
Dua, A. e Parkash, C. (2009) Distribuição e abundância das populações de peixes na zona húmida de Harike - um sítio Ramsar na Índia. *Jornal de Biologia Ambiental*, **30(2)**: 247-251.
Dube, P. N. e Hosetti, B. B. (2010) Vigilância do comportamento e consumo de oxigénio no peixe de água doce, *Labeo rohita* (Hamilton), exposto a cianeto de sódio. *Biotecnologia na criação de animais*, **26(1-2)**: 91-103.
Durve, V. S., Gupta, P. K. e Khangarot, B. S. (1980) Toxicity of copper to the freshwater teleost, *Rasbora daniconius neilgeriensis* (HAM.). *National Academy Science Letters*, **3(7)**: 221-223.
EPR (2010) Terceiro regulamento (alteração) sobre o ambiente (proteção). Notificação do Ministério do Ambiente e das Florestas, Índia.
Ergene-Gozukara, S., Cavas, T., Celik, A., Koleli, N., Kaya, F. e Karahan, A. (2007) Monitorização de anomalias nucleares em eritrócitos periféricos de três espécies de peixes do Delta de Goksu (Turquia): danos genotóxicos relacionados com a poluição da água. *Ecotoxicologia*, **16**: 385-391.
Evans, H. J. (1977) Molecular mechanisms in the induction of chromosomal aberrations (Mecanismos moleculares na indução de aberrações cromossómicas). Scott, D. Bridges, B. A. e Sobier/North Holland, Amesterdão. pp. 57-74.
Ezeonyejiaku, C. D., Obiakor, M. O. e Ezenwelu, C. O. (2011) Toxicidade do sulfato de cobre e resposta locomotora comportamental das espécies de tilápia (*Oreochromis niloticus*) e peixe-gato (*Clarias gariepinus*). *Jornal online de investigação animal e alimentar*, **1(4)**: 130-134.
Fernandes, T. C. C., Mazzeo, D. E. C. e Marin-Molares, M. A. (2007) Mecanismo de formação de micronúcleos em células poliploidizadas de *Allium cepa* expostas ao herbicida trifluralina. *Pesticide Biochemistry and Physiology*, **88**: 252-259.

Ferraro, M. V. M., Fenocchio, A. S., Mantovani, M. S., Ribeiro, C. D. O. e Cestari, M. M. (2004) Efeitos mutagénicos do tributilestanho e do chumbo inorgânico (PbII) no peixe *Hoplias malabaricus*, avaliados através do ensaio cometa e dos testes do micronúcleo e da aberração cromossómica em peixes. *Genetics and Molecular Boilogy*, **27(1)**: 103-107.

Finney, D. J. (1971) Probit analysis. Cambridge University Press, Londres.

Fulton, M. H. and Key, P. B. (2001) Acetylcholinesterase inhibition in estuarine fish and invertebrates as an indicator of organophosphorus insecticide exposure and effects. *Environmental Toxicology and Chemistry*, **20**: 37-45.

Gadhia, P. K., Gadhia, M., Georje, S., Vinod, K. R. e Pithawala, M. (2008) Indução de aberrações cromossómicas nos cromossomas mitóticos do peixe *Boleophthalmus dussumieri* após exposição *in vivo* aos antineoplásicos Bleomicina, Mitomicina-C e Doxorrubicina. *Indian Journal of Science and Technology*, **1(7)**: 1-6.

Guha, B. e Khuda-Bukhsh, A. R. (2002) Eficácia da vitamina C (ácido L-ascórbico) na redução da genotoxicidade em peixes (*Oreochromismossambicus*)induzida por etilmetano sulfonato. *Chemosphere*, **47**: 49-56.

Guha, B. e Khuda-Bukhsh, A. R. (2003) Ameliorating effect of ^-carotene on ethylmethane sulphonate-induced genotoxicity in the fish, *Oreochromis mossambicus*. *Mutation Research*, **542**: 1-13.

Hafez, A. M. (2009) Genoma de *Mugil cephalus*: Um monitor sensível para a genotoxicidade e citotoxicidade no ambiente aquático. *Australian Journal of Basic and Applied Sciences*, **3(3)**: 2176-2187.

Halappa, R. e David, M. (2009) Respostas comportamentais do peixe de água doce, *Cyprinus carpio* (Linnaeus), após exposição subletal ao clorpirifos. *Jornal Turco de Pescas e Ciências Aquáticas*, **9**: 233-238.

Hayashi, M., Ueda, T., Uyeno, K., Wada, K., Kinae, N., Saotome, K., Tanaka, N., Takai, A., Sasaki, Y. F., Asano, N., Sofuni, T. e Ojima, Y. (1998) Development of genotoxicity assay systems that use aquatic organisms. *Mutation Research*, **399(2)**: 125-133.

Heddle, J. A. (1973) A rapid *in vivo* test for chromosomal damage. *Mutation Research*, **18**: 307-317.

Hooftman, R. N. e De Raat, W. K. (1982) Indução de anomalias nucleares (micronúcleos) em eritrócitos do sangue periférico do peixe-galo da lama oriental, *Umbra pygmaea*, por etanossulfonato de etilo. *Mutation Research*, **104**: 147-152.

Howell, W. H. (1891) The life history of the formed elements of the blood, especially of the red blood cells. *Journal of Morphology*, **4**: 57-116.

Howell, W. H. (1891) The life history of the formed elements of the blood, especially of the red blood cells. *Journal of Morphology*, **4**: 57-116.

Jayakumar, P. and Paul, V. I. (2006) Patterns of cadmium accumulation in selected tissues of the catfish, *Clarias batrachus* (Linn.) exposed to sublethal concentration of cadmium chloride. *Veterinarski Arhive*, **76(2)**: 167 177.

Jolly, J. (1905) Surd evolution des globules rouges dans le sans des embryons de mammiferes. *Comptes Rendus des Séances de la Societe de Biologie et de ses Filiales* (Paris), **58**: 593-595.

Katja, S., Georg, B. O. S., Stephan, P. e Christian, E. W. S. (2005) Impacto da mistura de PCB (Aroclor 1254) e TBT e de uma mistura de ambos no comportamento de natação, no crescimento corporal e nas actividades de biotransformação enzimática (GST) de carpas jovens (*Cyprinus carpio*). *Aquatic Toxicology*, **71**: 49-59.

Kaur, H., Jasuja, S. e Bhatia, A. (2010) Metal concentration in tissues of *Labeo rohita* (Ham.) caught from river Satluj (Punjab: India). *Journal of Haematology and Ecotoxicology*, **5(2)**: 9-19.

Kaur, K. e Bajwa, K. (1987) Effect of zinc and cadmium on early life stages of common carp, *Cyprinus carpio* (L). *Annals of Biology*, **3(2)**: 28-33.

Khangarot, B. S. and Rajbanshi, V. K. (1979) Experimental studies on toxicity of zinc to a freshwater teleost, *Rasbora daniconius* (Hamilton). *Hydrobiologia*, **65(2)**: 141144.

Kirschbaum, A. A., Seriani, R., Pereira, C. D. S., Assuncao, A., Abessa, D. M. S., Rotundo, M. M. e Ranzani-Paiva, M. J. T. (2009) Biomarcadores de citotoxicidade em robalo

Centropomus parallelus dos estuários de Cananeia e São Vicente, SP, Brasil. *Genética e Biologia Molecular*, **32(1)**: 151-154.
Kirsch-Volders, M., Elhajouji, A., Cundari, E. e Hummelen, P. V. (1997) The *in vitro* micronucleus test: a multiendpoint assay to detect simultaneously mitotic delay, apoptosis, chromosome breakage, chromosome loss and non-disjunction. *Mutation research*, **392(1-2)**: 19-30.
Kumar, A., Sharma, B. e Pandey, R. S. (2007) Preliminary evaluation of the acute toxicity of cypermethrin and X-cyhalothrin to *Channa punctatus*. *Boletim de Contaminação Ambiental e Toxicologia*, **79(6)**: 613-616.
Kumari, S. A. and Ramkumaran, S. (2006) *Chromosomal* aberrations in *Channa punctatus* (Bloch) from Hussainsagar Lake, Hyderabad (A. P). *Indian Journal of Fisheries*, **53(3)**: 359-362.
Landolt, M. L. e Kocan, R. M. (1983) Fish cell cytogenetics: A measure of genotoxic effects of environmental pollutants. In aquatic toxicology (J. O. Nriagu, ed.). John wiley and Sons Ins. pp. 335-352.
Levan, A., Fredga, K. e Sandberg, A. A. (1964) Nomenclature for centromeric position on chromosomes. *Hereditas*, **52**: 201-220.
Longwell, A. C.,Perry, D.,Hughes, J. B.e Hebert, A. (1983)Frequenciesof micronúcleos em eritrócitos maduros e imaturos de peixes como estimativa de Resultados da taxa de mutação cromossómica dos inquéritos de campo sobre a solha-das-pedras, a solha-dos-rios e a cavala do Atlântico. *Conselho Internacional para a Exploração do Mar*, documento. C. M. 1983/E: 55. p. 26.
Mahmoud, A., Mahamed, Z., Yossif, G. e Sharafeldin, K. (2010) Cytogenetical studies on some River Nile species from polluted and nonpolluted aquatic habitats. *Revista Académica Egípcia de Ciências Biológicas*, **2(1)**: 1-8.
Malhi, P. K. e Grover, I. S. (1987) Efeito genotóxico de alguns pesticidas organofosforados. Bioensaio *in vivo* de aberrações cromossómicas em células da medula óssea de ratos. *Mutation Research*, **188**: 45-51.
Malla, T. M. D., Senthilkumar, C. S., Akhtar, S. e Ganesh, N. (2011) Micronúcleos como prova de danos no ADN do peixe-gato de água doce, *Heteropneustes fossilis* (Bloch), exposto a sindoor sintético. *Asian Research Publishing Network Journal of Agriculture and Biological Sciences*, **6(5)**: 41-44.
Mallick, P. e Khuda-Bukhsh, A. R. (2003) Nuclear anomalies and blood protein variations in fish of the Hoogly-Matlah River system, India, as an indicator of genotoxicity in water. *Bulletin of Environmental Contamination and Toxicology*, **70**: 1071-1082.
Manna, G. K. e Sadhukhan, A. (1986) Utilização de células das brânquias e dos rins de *Tilápia* no teste do micronúcleo. *Current Science*, **55**: 498-501.
Marigoudar, S. R., Ahmed, R. N. e David, M. (2009) Impacto da cipermetrina nas respostas comportamentais do teleósteo de água doce, *Labeo rohita* (Hamilton). *Revista Mundial de Zoologia*, **4(1)**: 19-23.
Matsumoto, F. E. e Colus, I. M. S. (2000) Frequências de micronúcleos em *Astyanax bimaculatus* (Characidae) tratados com ciclofosfamida ou sulfato de vinblastina. *Genetics and Molecular Biology*, **23(2)**: 489-492.
Matsumoto, S. T., Mantovani, M. S., Malaguttii, M. I. A., Dias, A. L., Fonseca, I. C. e Marin-Morales, M. A. (2006) Genotoxicidade e mutagenicidade da água contaminada com efluentes de curtume, avaliada pelo teste do micronúcleo e ensaio cometa no peixe *Oreochromis niloticus* e aberrações cromossómicas em pontas de raiz de cebola. *Genetics and Molecular Biology*, **29(1)**: 148-158.
Matter, B. E. e Schmid, W. (1971) Danos cromossómicos induzidos pelo Trenimon em células da medula óssea de seis espécies de mamíferos, avaliados pelo teste do micronúcleo. *Mutation Research*, **12**: 417-425.
Matter, E. E., Elserafy, S. S., Zowail, M. E. M. e Awwad, M. H. (1992) Efeito genotóxico do inseticida carbamil na carpa herbívora, *Ctenopharygodan idella* (VAL.). *Egyptian Journal of Histology*, **15(1)**: 9-17.
Mohamed, M. M., EL-Fiky, S. A., Soheir, Y. M. e Abeer, A. I. (2008) Estudos

citogenéticos sobre o efeito da poluição por sulfato de cobre e acetato de chumbo no peixe *Oreochromis niloticus*. *Jornal Asiático de Biologia Celular*, **3(2)**: 51-60.
Mushigeri, S. B. e David, M. (2005) O fenvalerato induziu alterações na Ach e na atividade da AChE associada em diferentes tecidos do peixe *Cirrhinus mrigala* (Hamilton) durante o período de exposição letal e subletal. *Environmental Toxicology and Pharmacology*, **20**: 65-72.
Natarajan, A. T. e Obe, G. (1978) Molecular mechanisms involved in the protection of chromosomal aberrations. *Mutation Research*, **52**: 137-149.
Normann, C. A. B. M., Moreira, J. C. F. e Cardoso, V. V. (2008) Micronúcleos em glóbulos vermelhos do peixe-gato blindado, *Hypostomus plecotomus*, expostos ao dicromato de potássio. *Jornal Africano de Biotecnologia*, **7(7)**: 893-896.
Obiakor, M. O., Ezeonyejiaku, C. D., Ezenwelu, C. O. e Ugochukwu, G. C. (2010) Biomarcadores genéticos aquáticos de exposição e efeito no peixe-gato (*Clarias gariepinus*, Burchell, 1822). *Jornal Americano-Eurasiático de Ciências Toxicológicas*, **2(4)**: 196-202.
Omitoyin, B. O., Ajani, E. K., Adesina, B. T. e Okuagu, C. N. F. (2006) Toxicity of lindane (gamma hexachloro-cyclohexane) to *Clarias gariepinus* (Burchell, 1822). *Organização Digital Internacional de Informação Científica*, **1(1)**: 57-63.
Pandey, R. K., Singh, R. N., singh, S., Singh, N. N. e Das, V. K. (2009) Bioensaio de toxicidade aguda do dimetoato no peixe-gato de água doce que respira o ar, *Heteropneustes fossilis* (Bloch). *Jornal de Biologia Ambiental*, **30(3)**: 437-440.
Parveen, N. e Shadab, G. G. H. A. (2011) Avaliação de micronúcleos e perfis hematológicos como ensaios genotóxicos em *Channa punctatus* expostos a malatião. *Revista Internacional de Ciência e Natureza*, **2(3)**: 625-631.
Poongothai, K., Shayin, S. e Usharani, M. V. (1996) Indução de micronúcleos em peixes por água poluída e metais pesados. *Cytobios*, **86(344)**: 17-22.
Punjab Pollution Control Board (1999) List of red category of industries, Punjab, India.
Radwan, H. A. e Ghaly, I. S. (2008) Avaliação da atividade antimutagénica do extrato de folhas de neem contra a mutagenicidade do arseniato de sódio em peixes de água doce, *Clarias lazera*. *Jornal de Engenharia Genética e Biotecnologia*, **6(1)**: 57-65.
Rahman, M. Z., Hossain, Z., Mollah, M. F. A. e Ahmed, G. U. (2002) Effect of diazinon 60 EC on *Anabas testudineus*, *Channa punctatus* and *Barbodes gonionotus*. Naga, *The ICLARM Quarterly*, **25(2)**: 8-12.
Ramadan, A. A. (2007) Genotoxic effects of Butataf Herbicide on Nile Tilapia (Efeitos genotóxicos do herbicida Butataf na tilápia do Nilo). *Jornal da Sociedade Árabe de Aquacultura*, **2(1)**: 70-87.
Ramsdorf, W. A., Ferraro, M. V. M., Oliveira-Ribeiro, C. A., Costa, J. R. M. e Cestari, M. M. (2009) Avaliação genotóxica de diferentes doses de chumbo inorgânico (PbII) em *Hoplias malabaricus*. *Monitorização e Avaliação Ambiental*, **158**: 77-85.
Rand, G. M. e Petrocelli, S. R. (1985) *Introduction*. In: Fundamentals of Aquatic Toxicology: Methods and Applications. Eds, Rand, G. M. e Petrocelli, S. R. Hemisphere Publishing Corporation, Washington. pp. 1-28.
Rao, J. V., Begum, G., Pallela, R., Usman, P. K. e Rao, R. N. (2005) Alterações no comportamento e na atividade da acetilcolinesterase cerebral no peixe-mosquito *Gambusia affinis* em relação à exposição subletal ao clorpirifos. *Jornal Internacional de Investigação Ambiental e Saúde Pública*, **2**: 478-483.
Rishi, K. K. (1981) Chromosomal studies on four cyprinid fishes. *Jornal Internacional da Academia de Ictiologia*, **2(1)**: 1-4.
Rishi, K. K. e Grewal, S. (1995a) Teste de aberração cromossómica para o inseticida diclorvos em cromossomas de peixes. *Mutation Research*, **344**: 1-4.
Rishi, K. K. e Grewal, S. (1995b) Cytogenetic screening of mosquito larvicide on kidney cell chromosomes of *Channa punctatus*. In: Manna, G. K. e Roy, S. C. (Eds.) *Perspectives in Cytology and Genetics*, **8**: 303-309.
Rishi, K. K., Rishi, S., Grewal, S. e Gill, P. K. (2001) Genotoxicidade do 2,4-D, butacloro nos cromossomas do peixe *Channa Punctatus*. *Perspectives in Cytology and Genetics*, **10**: 781-790.

Rose, M. H., Sudhakar, K. e Sudha, P. N. (2010) Efeito dos poluentes da água no peixe de água doce, *Hypophthalmicthys molitrix* (Vall.). *Ecoscan*, **4(1)**: 31-35.
Roux, D. J. (1990) National water quality monitoring: A viabilidade da implementação da monitorização da toxicidade aquática como parte da monitorização de vigilância na África do Sul: A literature survey. Projeto Número N3/0601/4: Instituto de Investigação Hidrológica, DWAF.
Roux, D. J., Van Valiet, H. R. e Van Veelen, M. (1993) Towards integrated water quality monitoring: Assesment of ecosystem health. *Water*. **19(4)**: 1-11.
Saglio, P., Trijasse, S. e Azam, D. (1996) Behavioural effects of waterborne carbofuran in goldfish. *Archives of Environmental Contamination and Toxicology*, **31**: 232-238.
Saleh, K. A. J. (2010) A intensidade da genotoxicidade dos poluentes no Lago Uluabat. *Revista Internacional de Biotecnologia e Bioquímica*, **6(4)**: 625-631.
Schmidt-Posthaus, H., Bernet, D., Wahli, T. e Burkhardt-Holm, P. (2001) Morphological organ alterations and infectious diseases in brown trout, *Salmo trutta* and rainbow trout, *Oncorhynchus mykiss* exposed to polluted river water. *Diseases of Aquatic Organisms*, **44**: 161-170.
Seymore, T. (1994) *Bioaccumulation of Metals in Barbus marequensis from the Olifants River, Kruger National ParkandLethal Levels of Manganese to Juvenis de Oreochromis mossambicus.* Tese de Mestrado, Universidade Rand Afrikaans, África do Sul.
Shimizu, N., Itoh, N., Utiyama, H. e Wahl, G. M. (1998) aprisionamento seletivo de ADN amplificado extracromossomicamente por brotamento nuclear e micronucleação durante a fase S. *Journal of Cell Biology*, **140**: 1307-1320.
Srivastava, A. K., Mishra, D., Srivastava, S., Srivastav, S. K. e Srivastav, A. K. (2010) Toxicidade aguda e respostas comportamentais de *Heteropneustes fossilis* a um inseticida organofosforado, dimetoato. *Jornal Internacional de Ciências Farmacêuticas e Biológicas*, **1(4)**: 350-363.
Steenken, S. (1989) Purine basis, nucleosides and nucleotides: aqueous solution redox chemistry and transformation reactions of their radical cations and e^- and OH adducts. *Chemical Reviews*, **89**: 503-520.
Susan, T. A. e Sobha, K. (2010) Um estudo sobre toxicidade aguda, consumo de oxigénio e alterações comportamentais nas três principais carpas, *Labeo rohita* (Ham.), *Catla catla* (Ham.) e *Cirrhinus mrigala* (Ham.) expostas ao fenvalerato. *Bioresearch Bulletin*, **1**: 33-40.
Tijo, J. H. e Whang, J. (1965) In: *Human Chromosome Methodology*, Académico Press, Nova Iorque.
Tripathi, N., Bajpai, S. e Tripathi, M. (2009) Genotoxic alterations induced by fluoride in Asian catfish, *Clarias batrachus* (Linn.). *Relatório de investigação Fluoride*, **42(4)**: 292-296.
Tsalev, D. L. e Zaprianov, Z. K. (1983) Atomic absorption spectrophotometry in occupational and environmental health practice. Vol. 1, CRC, Boca Raton, FL, EUA.
Vanloon, J. C. e Beamish, R.J. (1977) Heavy- metal contamination by atmospheric fallout of several Flin Flon area lakes and the relation to fish populations. *Journal of Fisheries Research Board Canada*, **34**: 899-906.
Velmurugan, B., Ambrose, T. e Selvenayagam, M. (2006) Genotoxicity evaluation of lambda-cyhalothrin in *Mystus gulio*. *Journal of Environmental Biology*, **27(2)**: 247-250.
Ventura, B. C., Angelis, D. F. e Marin-Molares, M. A. (2008) Efeitos mutagénicos e genotóxicos do herbicida atrazina em *Oreochromis nilotics* (Perciformes, Cichlidae) detectados pelo teste dos micronúcleos e pelo ensaio cometa. *Pesticide Biochemistry and Physiology*, **90**: 42-51.
Visoottiviseth, P., Sungpetch, A. e Nukwan, S. (1998) O efeito do hidróxido de trifenilestanho nos cromossomas do peixe-gato (híbrido de *Clarias macrocephalus* e *Clarias gariepinus*). *Journal of the Science Society of Thailand*, **24**: 193-198.
Von Sonntag, C. (1987) *The Chemical Basis of Radiation Biology*. Nova Iorque, NY: Taylor and Francis.
asu, Y. H., Gadhikar, Y. A. e Ade, P. P. (2009) Sublethal and chronic effect of carbaryl and

malathion on *Clarias batrachus* (Linn.). *Jornal de Ciências Aplicadas e Gestão Ambiental*, **13(2)**: 23-26.

Wepener, V. (1987) *Metal ecotoxicology of the Olifants River in the Kruger National Park and the effect thereof on fish haematology*. Tese de doutoramento, Rand, Universidade de Afrikaans.

adav, A. S., Bhatnagar, A. e Kaur, M. (2010) Avaliação dos efeitos genotóxicos do butacloro em peixes de água doce, *Cirrhinus mrigala* (Hamilton). *Jornal de Investigação de Toxicologia Ambiental*, **4(4)**: 223-230.

adav, K. K. e Trivedi, S. P (2009) *Channa punctata*, um peixe com aberrações cromossómicas, após exposição *in vivo* a três metais pesados. *Mutation Research*, **678**: 712.

adav, K. K. and Trivedi, S. P. (2006) Evaluation of genotoxic potential of chromium (VI) in *Channa punctatus* fish in terms of chromosomal aberrations. *Asian Pacific Journal of Cancer Prevention*, **7(3)**: 472-476.

aji, A. J., Auta, J., Oniye, S. J., Adakole, J. A. e Usman, J. I. (2011) Efeitos da cipermetrina no comportamento e nos índices bioquímicos do peixe de água doce, *Oreochromis niloticus*. *Revista eletrónica de química ambiental, agrícola e alimentar*, **10(2)**: 1927-1934.

Tabela 1. Respostas comportamentais e alterações morfológicas em *Cirrhinus mrigala* após tratamento com efluentes da indústria de tingimento.

PERÍODO DE EXPOSIÇÃO E CONCENTRAÇÃO																
	24 h				48 h				72 h				96 h			
A) RESPOSTAS COMPORTAMENTAIS	**Controlo**	**6.12 %**	**12.24%**	**24.48 %**	**Controlo**	**6.12 %**	**12.24 %**	**24.48 %**	**Controlo**	**6.12%**	**12.24 %**	**24.48 %**	**Controlo**	**6.12%**	**12.24 %**	**24.48 %**
1. Natação irregular	A	L	M	M	A	L	M	M	A	L	M	M	A	L	M	M
2. Engolir ar à superfície	A	L	M	M	A	L	M	M	A	L	M	M	A	L	M	M
3. Movimento opercular	N	F	F	F	N	N	S	S	N	N	S	S	N	N	S	S
4. Perda de equilíbrio	A	A	A	A	A	A	A	A	A	A	A	A	A	A	A	P
5. Bater contra a parede	A	A	P	P	A	A	P	P	A	A	P	P	A	A	P	P
6. Inquietação	A	A	P	P	A	A	P	P	A	A	P	P	A	A	P	P

7. Lentidão	A A A A	A A A A	A A P P	A P P P
8. Os peixes deitaram-se à superfície da água antes de morrer	A A A A	A A A A	A A A P	A A A P
B) ALTERAÇÕES MORFOLÓGICAS				
1. Afrouxamento das escamas	A A A A	A A A A	A A A A	A P P P
2. Vermelhidão nos olhos	A A A A	A A A A	A A P P	A A P P
3. Secreção mucosa abundante	A A A A	A A A A	A P P P	A P P P
4. Hemorragia das guelras	A A A A	A A A A	A A P P	A A P P

5. Balonismo e barriga para cima à superfície da água após a morte	A A A A	A A A A	A A A P	A A A P
6. Manchas pigmentadas no abdómen	A A A A	A A A A	A P P P	A P P P

Menos= L, Mais= M, Rápido= F, Normal= N, Lento= S, Presente= P, Ausente= A.

Tabela 2. Dados cromossómicos morfométricos do controlo *Cirrhinus mrigala* (2n=50).

Par de cromossomas n.º.	Braço curto (g)	Braço longo (g)	Média Comprimento total (g)	TCL (%)	Índice centromérico (%)	Comprimento relativo (%)	Rácio do braço	Tipo de cromossoma
1	1.50	1.96	3.46	4.65	43.35	70.61	1.30	m
2	1.31	1.81	3.12	4.19	41.98	63.67	1.38	m
3	1.06	1.53	2.59	3.48	40.92	52.85	1.44	m
4	0.87	1.37	2.24	3.01	38.83	45.71	1.57	m
5	1.59	3.31	4.90	6.59	32.44	100	2.08	sm
6	1.21	3.21	4.42	5.94	27.37	90.20	2.65	sm
7	0.71	2.09	2.80	3.76	25.35	57.14	2.94	sm
8	0.84	2.56	3.40	4.57	24.70	69.38	3.04	st
9	0.75	2.37	3.12	4.19	24.03	63.67	3.16	st
10	0.71	2.31	3.02	4.06	23.50	61.63	3.25	st
11	0.71	2.18	2.89	3.88	24.56	58.97	3.07	st
12	0.68	2.21	2.89	3.88	23.52	58.97	3.25	st
13	0.59	2.06	2.65	3.56	22.26	54.08	3.49	st
14	0.56	1.81	2.37	3.18	23.62	48.36	3.23	st
15	0	3.71	2.71	4.99	0	75.71	0	t
16	0	3.59	2.59	4.82	0	73.26	0	t
17	0	3.25	3.25	4.37	0	66.32	0	t
18	0	3.18	3.18	4.27	0	64.89	0	t
19	0	3.12	3.12	4.19	0	63.67	0	t
20	0	2.59	2.59	3.48	0	52.85	0	t
21	0	2.50	2.50	3.36	0	51.02	0	t
22	0	2.43	2.43	3.26	0	49.59	0	t
23	0	2.37	2.37	3.18	0	48.36	0	t
24	0	2.18	2.18	2.93	0	44.48	0	t
25	0	1.93	1.93	2.59	0	39.38	0	t

TCL = Comprimento total do complemento, M= Metacêntrico, SM= Submetacêntrico, ST= Subtelocêntrico, T= Telocêntrico.

Tabela 3. Frequência das aberrações cromossómicas em *Cirrhinus mrigala* após tratamento com efluentes da indústria de tinturaria.

Experimental grupos	Duração da exposição (h)	T	Aberrações cromossómicas (Número de placas)										T	Média±S.E
			Cf	Rc	Tcd	M	Cg	Stk	C	Py	Stch	P		
Controlo	24	300	2	3	0	0	0	0	1	0	1	0	7	2.33±0.66
	48	300	0	0	1	0	0	1	1	0	0	0	3	1.00±0.57
	72	300	1	1	0	0	0	0	0	1	0	0	3	1.00±0.57
	96	300	0	2	0	0	0	0	0	0	0	0	2	0.66±0.33
Total			3	6	1	0	0	1	2	1	1	0		
Tratados 6.12%	24	300	3	26	8	19	20	0	19	4	4	11	114	38.00±2.89[a]
	48	300	28	24	30	19	34	2	34	3	6	6	186	62.00±1.15[b]
	72	300	23	35	35	17	50	7	17	4	7	4	199	66.33±1.86[c]
	96	300	10	22	17	10	23	12	34	6	10	2	146	48.66±2.96[d]

Total			64	107	90	65	127	16	104	17	27	23		
12.24%	24	300	1	16	2	13	13	0	20	7	2	10	84	28.00±0.33[a]
	48	300	18	19	12	24	18	4	30	21	4	3	153	51.00±1.86[b]
	72	300	19	24	29	23	24	4	21	5	7	6	162	54.00±1.86[c]
	96	300	9	40	21	8	41	3	29	20	4	3	178	59.33±2.33[d]
Total			47	99	64	68	96	11	100	53	17	22		
24.48%	24	300	11	10	3	12	22	17	17	2	6	17	117	39.00±1.00[a]
	48	300	17	17	8	15	17	3	23	16	3	6	125	41.66±1.33[b]
	72	300	22	19	26	23	29	3	45	7	8	5	187	62.00±2.19[c]
	96	300	34	48	33	22	56	15	16	21	1	3	249	83.00±1.73[d]
Total			84	94	70	72	124	38	101	46	18	31		

a, b, c e d: Diferença significativa às 24 h, 48 h, 72 h e 96 h, respetivamente, em relação ao controlo a $p<0,05$. T= Número total de placas metafásicas, t= Número total de placas metafásicas com aberrações cromossómicas. Cf= Fragmentação cromossómica, Rc= Cromossoma em anel, Tcd= Deleção de cromátides terminais, M= Minutos, Cg= Lacunas centroméricas, Stk= Adesividade, C= Aglomeração, Py= Picnose, Stch= Alongamento, P= Pulverização.

Tabela 4. Frequência de micronúcleos em *Cirrhinus mrigala* após tratamento com efluentes da indústria de tingimento.

Grupos experimentais	Duração da exposição (h)	T	Número de células com micronúcleos			t	Média ± S.E
			1	2	3-5		
	24	4000	40	0	0	40	1.00±0.33
Controlo	48	4000	35	0	0	35	0.87±0.33
	72	4000	32	0	0	32	0.80±0.33
	96	4000	30	0	0	30	0.75±0.57
Total			137	0	0		
Tratados	24	4000	157	2	0	159	3.97±0.57[a]
6.12%	48	4000	149	6	2	157	3.92±0.66[b]
	72	4000	115	0	0	115	2.87±0.33[c]
	96	4000	70	0	0	70	1.75±0.33[d]
Total			491	8	2	501	
	24	4000	195	5	0	200	5.00±0.66[a]
12.24%	48	4000	180	1	0	181	4.52±0.66[b]
	72	4000	162	0	0	162	4.05±0.33[c]
	96	4000	100	0	0	100	2.50±0.33[d]
Total			637	6	0	643	
	24	4000	24	107	0	131	3.27±0.66[a]
24.48%	48	4000	120	65	0	185	4.62±0.33[b]
	72	4000	140	55	0	195	4.87±0.57[c]
	96	4000	116	95	0	211	5.27±0.33[d]
Total			400	322	0	722	

a, b, c e d: Diferença significativa às 24 h, 48 h, 72 h e 96 h, respetivamente, em relação ao controlo a $p<0,05$. T= Número total de células, t= Número total de células com micronúcleos.

Tabela 5. Frequência das aberrações eritrocitárias em *Cirrhinus mrigala* após tratamento com efluentes da indústria de tingimento.

Experimental grupos	**Duração de exposição (h)**	**T**	**Número de células anómalas**											**t**	**Média ±S.E**
			Aberrações nucleares					**Aberrações celulares**							
			NE	**B**	**BN**	**L**	**N**	**EnC**	**VC**	**DC**	**CE**	**SC**	**AC**		
Controlo	24	4000	12	15	6	0	0	0	0	15	0	18	10	76	1.90±0.33
	48	4000	0	0	6	0	0	0	0	15	0	17	14	52	1.30±0.88
	72	4000	0	6	0	10	0	0	15	13	0	17	8	54	1.35±0.33
	96	4000	0	7	0	14	0	0	0	18	0	17	20	76	1.90±0.66
Total			12	28	12	24	0	0	15	61	0	69	52		
Tratados															
	24	4000	301	4	14	6	3	18	315	1065	88	578	332	2724	68.10±0.88[a]

6.12%	48	4000	299	4	16	14	9	16	285	816	89	666	335	2549	63.72±0.88^{b}
	72	4000	189	21	25	139	31	10	185	514	365	747	245	2473	61.82±0.66^{c}
	96	4000	172	16	24	196	35	5	99	375	420	1029	317	2688	67.20±1.33^{d}
Total			961	45	79	355	78	49	886	2770	962	3020	1229		
	24	4000	330	4	16	6	5	10	296	1119	107	648	371	2912	72.80±0.88^{a}
12.24%	48	4000	482	11	18	31	12	15	247	980	54	344	211	2415	60.37±1.76^{b}
	72	4000	105	11	22	30	22	10	230	384	44	270	317	1445	36.12±2.73^{c}
	96	4000	229	28	24	63	20	2	201	130	34	210	239	1180	29.50±2.40^{d}
Total			1146	54	80	130	59	37	974	2613	239	1472	1138		
	24	4000	145	58	11	141	18	3	28	837	81	717	185	2224	55.60±1.86^{a}
24.48%	48	4000	231	71	12	217	21	3	140	757	247	662	173	2534	63.35±1.00^{b}
	72	4000	268	81	20	316	28	1	102	695	342	893	126	2872	71.80±2.73^{c}
	96	4000	330	106	27	555	51	0	73	425	442	901	456	3366	84.15±2.00^{d}

Total	974	316	70	1229	118	7	343	2714	1112	3173	940

a, b, c e d: Diferença significativa às 24 h, 48 h, 72 h e 96 h, respetivamente, em relação ao controlo a p<0,05. T= Número total de células, t= Número total de células anómalas. NE= Extrusão nuclear, B= Sangrado, L= Lobado, N= Entalhado, EnC= Célula enucleada, VC= Célula vacuolada, DC= Célula deformada, EC= Célula equinocítica, SC= Célula fusiforme, AC= Célula apoptótica

Fig. 1: *Cirrhinus mrigala* (Controlo)

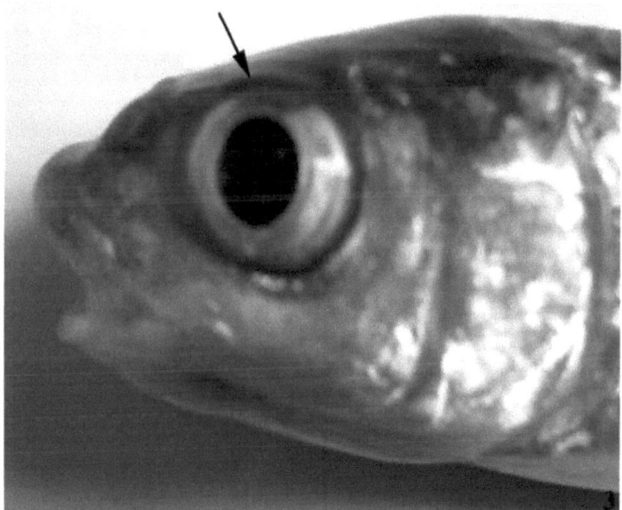

Fig. 2: Afrouxamento das escamas, **Fig. 3:** Vermelhidão no olho

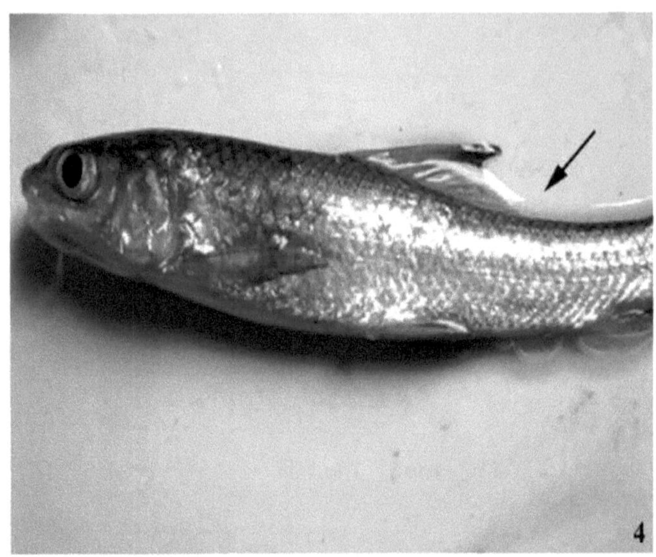

Fig. 4: Secreção mucosa profusa, **Fig. 5:** Hemorragia das brânquias

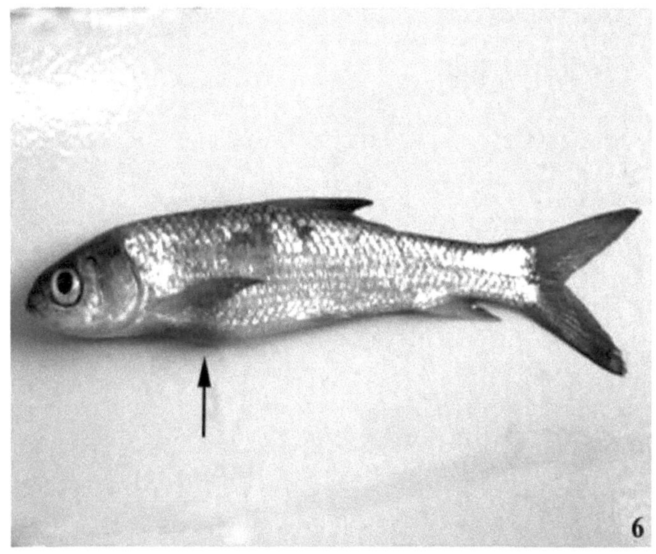

Fig. 6: Balonismo do abdómen, **Fig. 7:** Mancha de pigmentação no abdómen

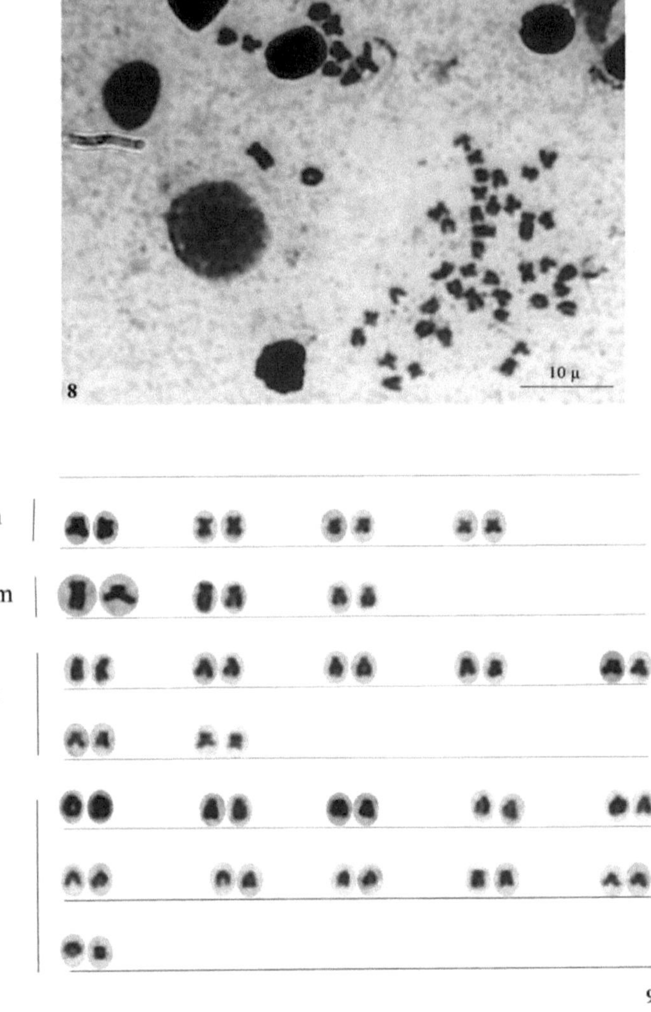

Fig. 8 Placa metafásica somática de *Cirrhinus mrigala* (Controlo, 2n= 50)
Fig. 9 Cariótipo preparado a partir de uma placa de metáfase somática

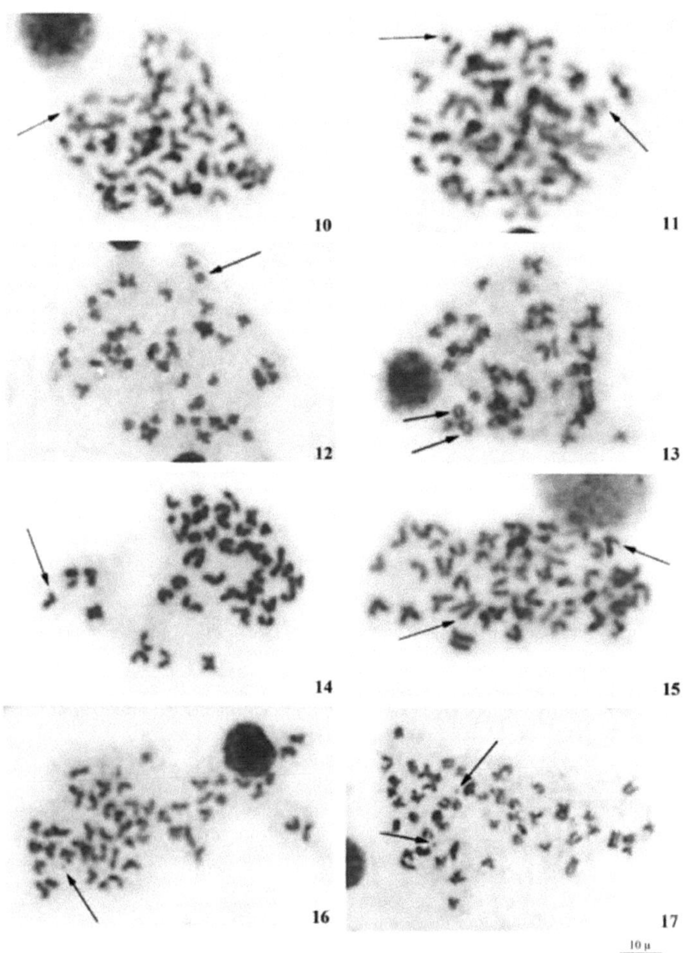

Fig. 10: Um fragmento cromossómico, **Fig. 11:** Dois fragmentos cromossómicos, **Fig. 12:** Um cromossoma em anel, **Fig. 13:** Dois cromossomas em anel, **Fig. 14:** Uma deleção de cromátides terminais, **Fig. 15:** Duas deleções de cromátides terminais, **Fig. 16:** Um minuto, **Fig. 17:** Dois minutos

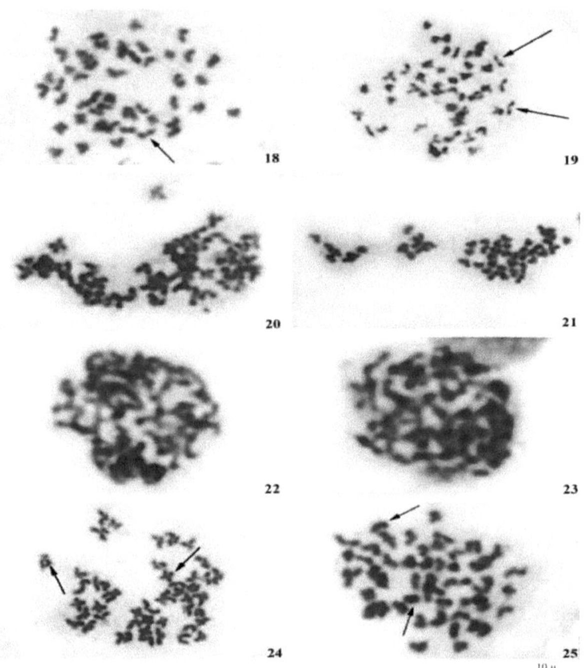

Fig. 18: Uma lacuna centromérica, **Fig. 19:** Duas lacunas centroméricas, **Figs. 20, 21:** Pegajosidade, **Figs. 22, 23:** Aglomeração, **Figs. 24, 25:** Picnose

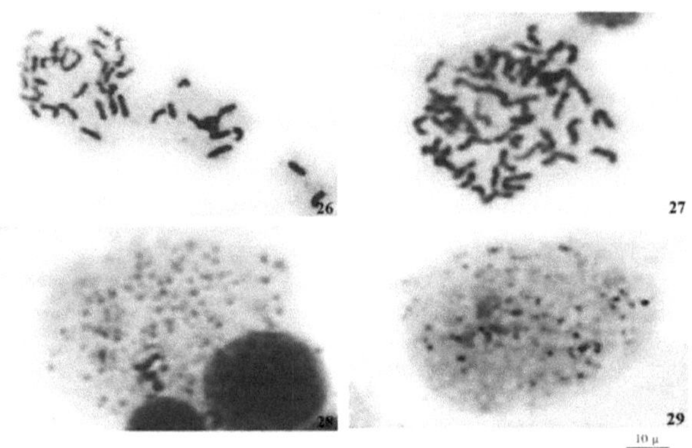

Figs. 26, 27: Alongamento, **Figs. 28, 29:** Pulverização

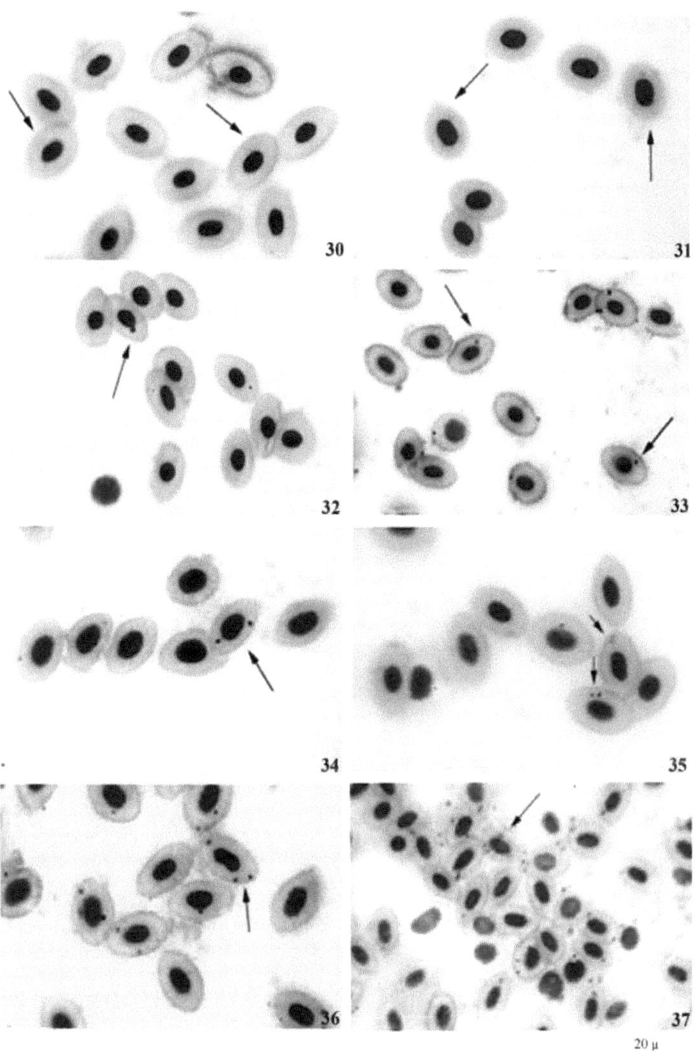

Figs. 30, 31: Eritrócitos normais, **Figs. 32, 33:** Eritrócito com um micronúcleo, **Figs. 34, 35:** Eritrócito com dois micronúcleos, **Figs. 36, 37:** Eritrócito com três micronúcleos

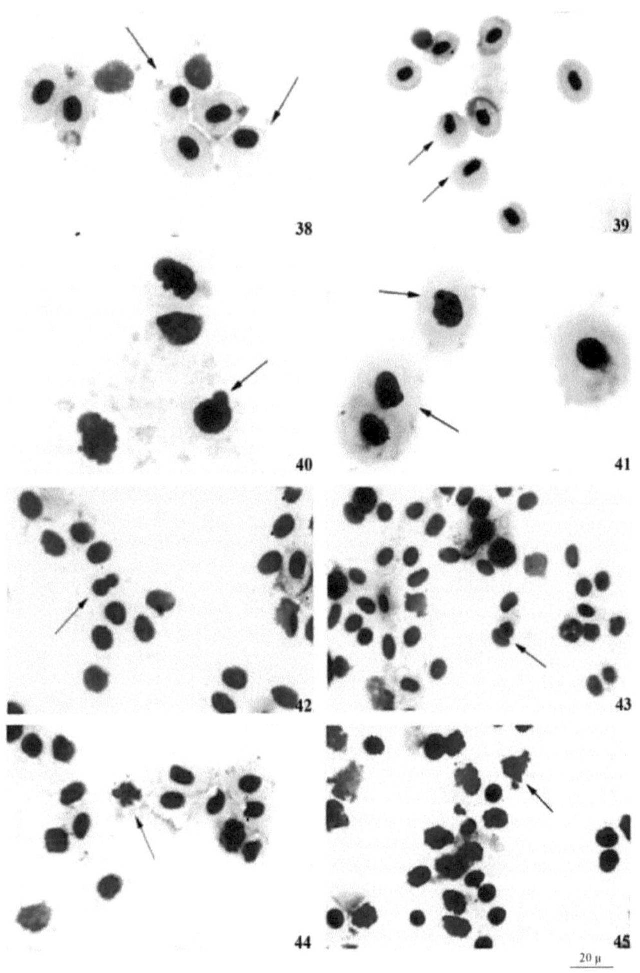

Figs. 38, 39: Extrusão nuclear, **Figs. 40, 41:** Núcleos com bolhas, **Figs. 42, 43:** Binucleados, **Figs. 44, 45:** Núcleos lobados

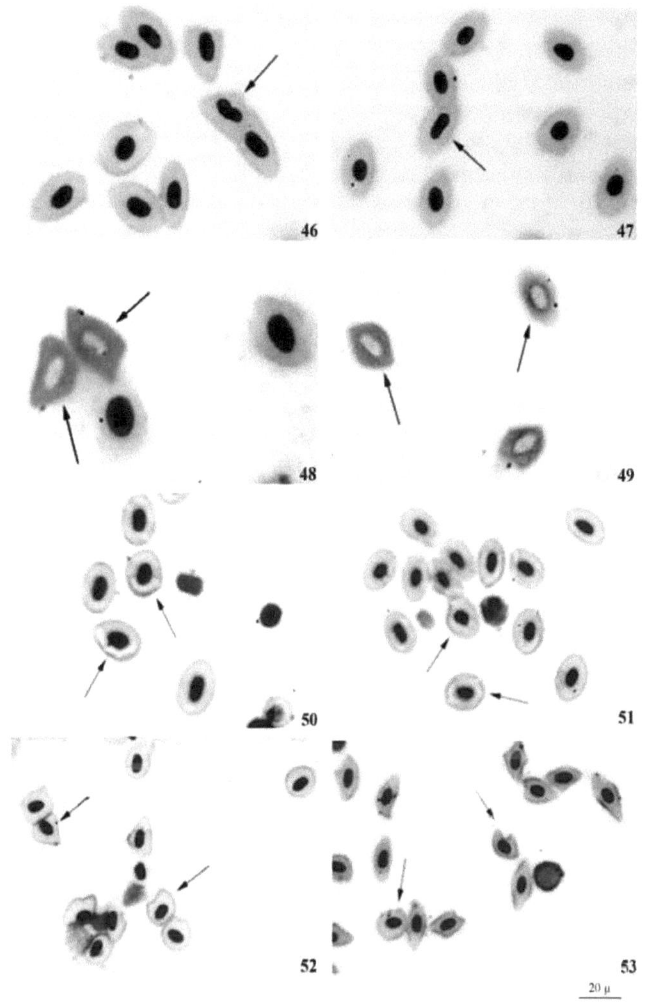

Figs. 46, 47: Núcleos entalhados, **Figs. 48, 49:** Células enucleadas, **Figs. 50, 51:** Células vacuoladas, **Figs. 52, 53:** Células deformadas

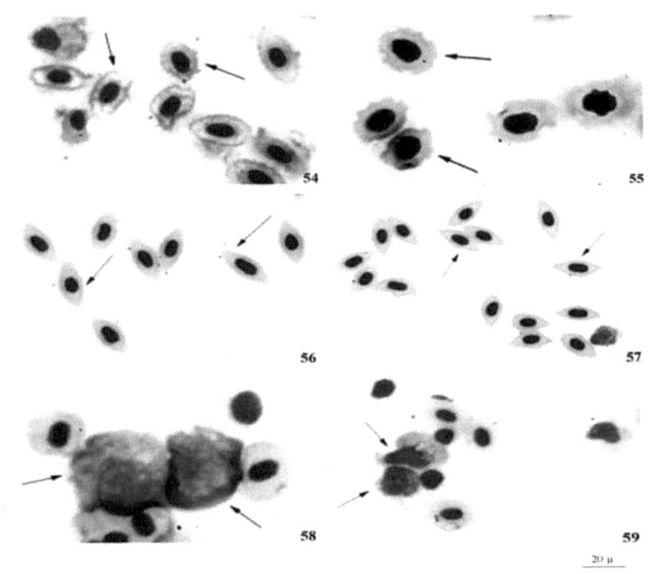

Figs. 54, 55: Células equinocíticas, **Figs. 56, 57:** Células fusiformes, **Figs. 58, 59:** Células apoptóticas

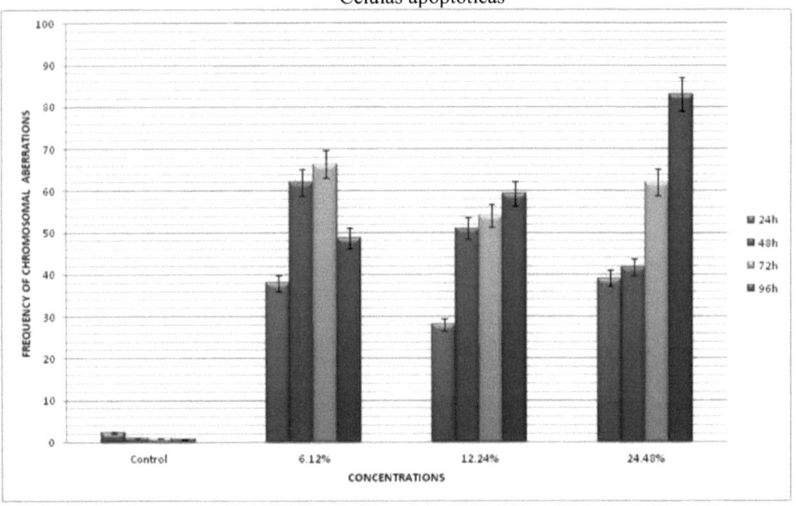

Histograma 1: Frequência de aberrações cromossómicas em células renais de *Cirrhinus ntrigala* após tratamento com efluentes industriais de tinturaria.

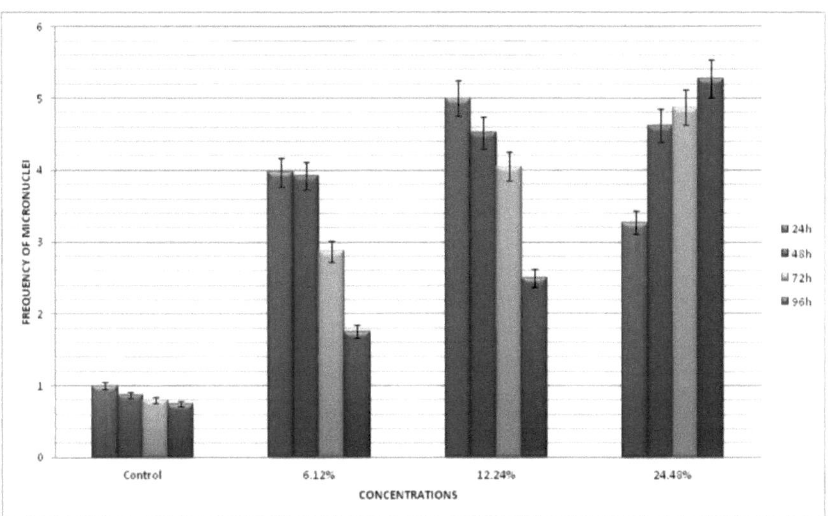

Histograma 2: Frequência de micronúcleos em eritrócitos de *Cirrhinus mrigala* após tratamento com efluente industrial de tinturaria.

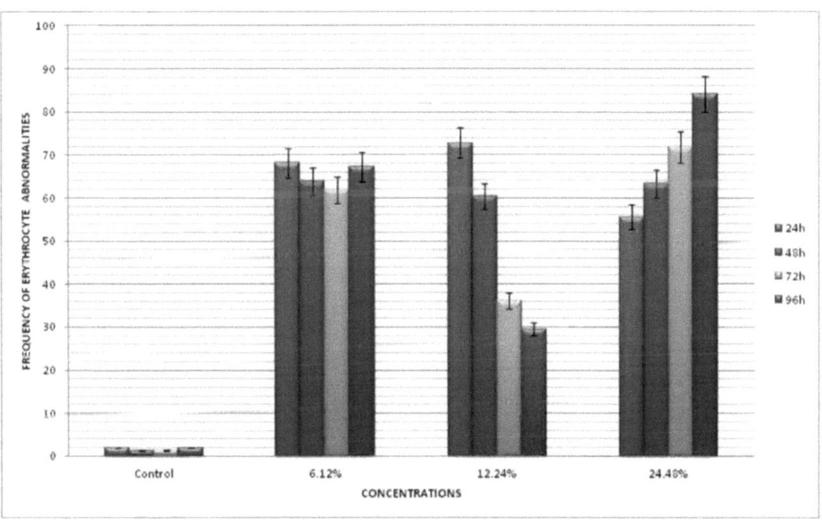

Histograma 3: Frequência das anomalias eritrocitárias em *Cirrhinus mrigala* após tratamento com efluentes industriais de tinturaria.

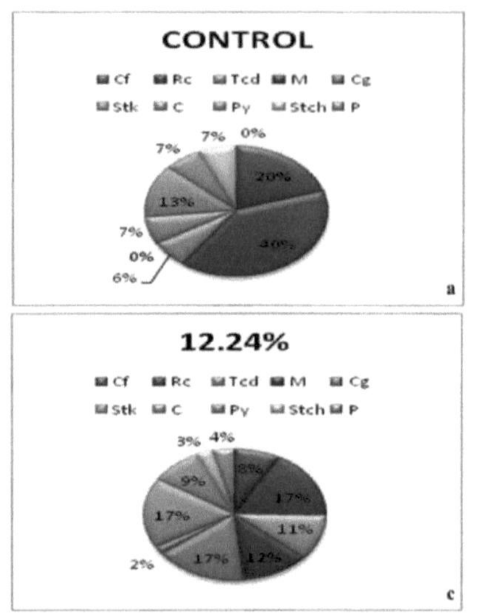

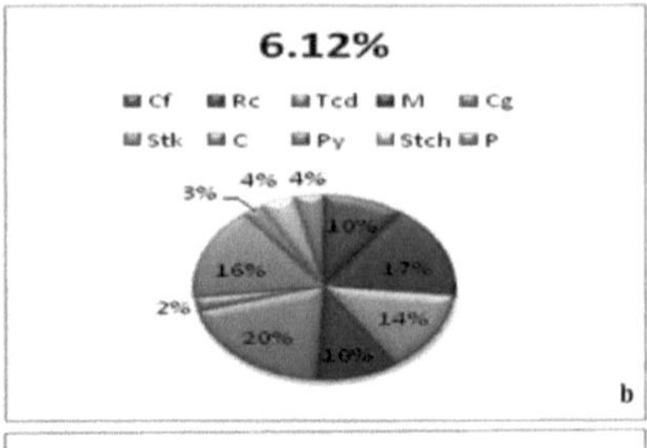

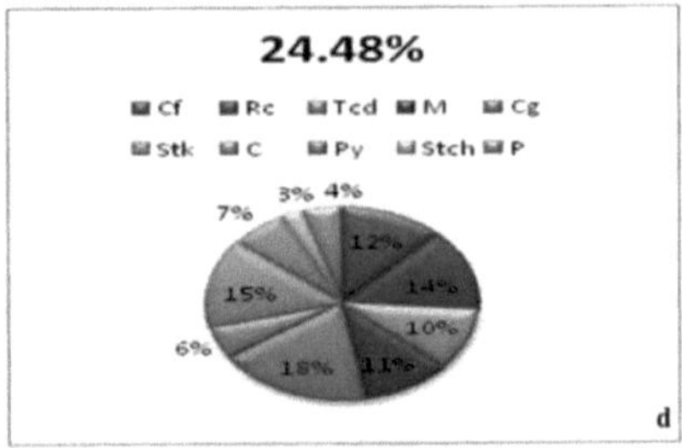

Gráficos de pizza l(a-d): Frequência percentual de aberrações cromossómicas em células renais de *Cirrhinus mrigala* após tratamento com efluentes industriais de tinturaria.

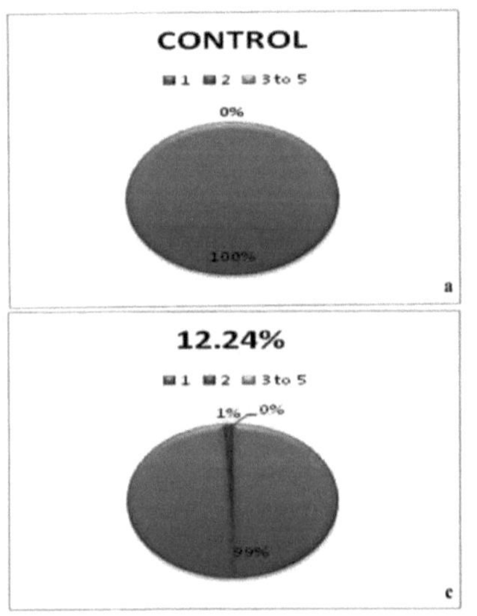

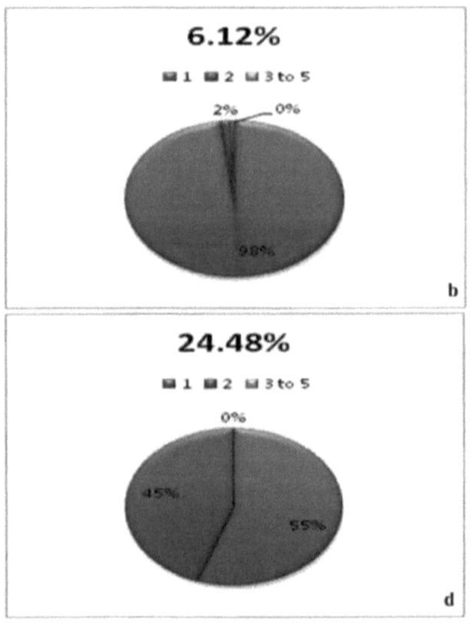

Gráficos de pizza 2(a-d): Frequência percentual de micronúcleos em eritrócitos de *Cirrhinus mrigala* após tratamento com efluente industrial de tinturaria.

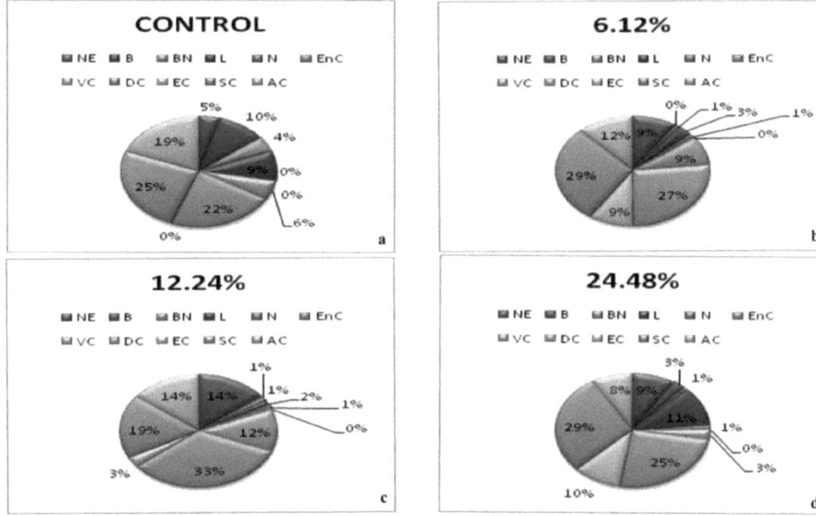

Gráficos de pizza 3(a-d): Frequência percentual das anomalias eritrocitárias em *Cirrhinus mrigala* após tratamento com efluentes industriais de tinturaria.

Printed by Books on Demand GmbH, Norderstedt / Germany